# Archiv

für das

# Studium deutscher Kolonialsprachen.

Herausgegeben

von dem

Direktor des Seminars für Orientalische Sprachen

Prof. Dr. Eduard Sachau,

Geh. Ober-Regierungsrat.

Band VI.

Druck und Kommissionsverlag von Georg Reimer.

Berlin 1907.

Archiv für das Studium deutscher Kolonialsprachen.

Band VI.

# Die Sprache der Wapogoro

## (Deutsch-Ostafrika)

nebst einem

deutsch-chipogoro und chipogoro-deutschen Wörterbuche

von

P. J. Hendle

O. S. B.

Druck und Kommissionsverlag von Georg Reimer.

Berlin 1907.

# Vorwort.

Vorliegende Grammatik der Sprache der Wapogoro, nebst Erzählungen, einem deutsch-chipogoro und chipogoro-deutschem Wörterbuche ist das Resultat einer vierjährigen Arbeit. Wer mit der Aufnahme einer noch nie geschriebenen Sprache je sich befaßt hat, kennt aus Erfahrung die Schwierigkeiten, mit welchen eine derartige Aufgabe verbunden ist, und weiß zur Genüge, welches Unmaß von Geduld erforderlich ist, um aus ungeschulten Köpfen, die an abstraktes Denken und Reflektieren nicht gewöhnt sind, den reichen Schatz ihrer Begriffe, Wörter und Formen hervorzuholen. Auch gibt der Eingeborne seine Sprache dem — wie ihm dünkt — profanen Fremden nicht so gerne preis. Wie alle seine Sitten und Gebräuche, Unsitten und Mißbräuche, ist ihm die Sprache seiner Väter ein Heiligtum, in das er sich verbirgt und dem Forscher nur ungern Zutritt gibt.

Anderseits wirkt ein Gefühl der Scham und Scheu hemmend auf den Eingebornen; gilt doch seine Sprache als *chiganji* (Shenzisprache) im Vergleich zum Küstendialekte. Erst allmählich, mit dem Interesse, das man ihm entgegenbringt, löst sich die Zunge des Eingebornen in Gegenwart des Weißen und freut er sich seiner Sprache.

Es gibt ein doppeltes Verfahren eine Sprache zu erforschen: indem man viele über weniges befragt, oder einen über vieles resp. alles, und dies viele dann am einzelnen erprobt.

Wir hielten uns von Anfang an letztere Art, es schien uns zuverlässiger zu sein, auch enthüllt es uns den individuellen Reichtum an Kenntnis und Erfahrung, der uns einen Schluß zu ziehen berechtigt inbezug auf den kulturellen Stand des ganzen Volkes.

So war unser ständiger Interpret ein Neffe des Sultans Lolero, Paul Swakalla, jetzt ein Knabe von 14—15 Jahren, ebenso begabt an Verstand wie edel in seinem Gemüte. Er ließ es sich nicht verdrießen, stunden- und tagelang an unserer Seite zu sitzen und auf Tausende von Fragen mit Verständnis und Geduld das rechte Wort, die rechte Form zu finden. Die chipogoro-deutsche Wörtersammlung enthält rund 3000 Wörter; von den Benennungen aus Tier- und Pflanzenwelt haben wir in Ermangelung entsprechender zoologischer oder botanischer Bezeichnungen in unserer Sprache nur einen kleinen Bruchteil aufgenommen; Sitten und Gebräuche, ja intimste Lebenskenntnis spiegeln sich auf jeder Seite; — und dies alles wurde aus dem Geiste eines einzigen jungen Schwarzen geschöpft. Wahrlich eine reiche Quelle dies!

Die Wapogoro bewohnen die Landschaft Upogoro, südöstlich von Uhehe, vom Oberlauf des Ulanga bis östlich zum Luhemberu, südwestlich bis zum Mgende. Wie diese Landschaft aus einem Gebirgsstock und einer Ebene gebildet wird, so unterscheidet sich das Chipogoro in zwei verschiedene Dialekte, dem der Berge und dem der Ebene. Der Bergdialekt ist entschieden der reine, weil unvermischt mit angrenzenden Völkerschaften, während der Dialekt der Ebene mit *kimpunga* und *kingindo* durchsetzt ist.

Das Chipogoro, welches wir hier wiedergeben, ist die Mundart, wie dieselbe in Vigoi und Issongo gesprochen wird, denn fast jedes Tal hat für sich seine Eigentümlichkeit.

Das reine Chipogoro ist eine sonore Sprache ohne jegliche Härte, die in ihrer inneren Struktur den Charakter des urwüchsig Einfachen hat. Die Art der Erzählung ist lebhaft und voll von Kraft, der Stil ein lapidarer.

Wie das Volk so bildet auch seine Sprache einen Sprachstamm für sich. Auf Grund eingehender Vergleichung mit dem in Ungoni gesprochenen Kizutu möchten wir indes behaupten, daß die Wapogoro und Wazutu ehedem einen großen Volksstamm bildeten und die Wazutu keineswegs ein Gewürfel von Stämmen bilden, wie Bischof Spiß annimmt, sondern daß dieselben eben die von den Zulus unterjochten Ureinwohner von Ungoni sind.

Über die ältere Geschichte der Wapogoro konnten wir trotz vielen Forschens nichts Weiteres erfahren, als daß dieselben seit Menschengedenken auf den Bergen ansässig waren und häufige Kämpfe mit den Wamachontha, den heutigen Wampunga, zu bestehen hatten, wobei sie dank der vielen Felsen mit Pfeil und Bogen stets ihren Besitz behaupteten.

Kwiro, Upogoro, 21. Dezember 1905.

Der Verfasser.

# Inhalt.

# GRAMMATIK.

# I. Lautbezeichnung und Aussprache.

## 1. Vokale.

Die Vokale werden wie im Deutschen ausgesprochen: *a, i, o, u*; nur *e* klingt wie *ä*, z. B. *ebehe*, sprich *äbähä* (Blätter der Sumpfkartoffel). *y* wie in *yota*; *w* wie im Deutschen.

Das Chipogoro hat in der Aussprache auch Diphtonge, abweichend von anderen Bantudialekten, so z. B. *kunyauwa* schmücken, gesprochen: *kunyau͡-wa*; *ukaiya* Dorf, gesprochen *ukai͡-ya*; *uyakai* aber, gesprochen *uya-kai͡*; *ayu* dieser, gesprochen *ai-yu*. Bei anderen Wörtern werden die Vokale in der Regel getrennt gehalten.

## 2. Konsonanten.

Wie im Deutschen lauten *b, d, f, g, h, k, l, m, n, p, t, r*, z. B. *bebe* der Stumme; *dididi* klein; *-fua* sterben; *egugu* Schilfgras; *huhu* Flußpferd, *kukuta* zernagen; *-lala* stumpf sein; *mama* der Onkel; *nene* ich; *-papa* auf dem Rücken tragen; *-tota* Breikloß vertiefen; *-rala* mutieren.

Die übrigen Konsonanten haben, vom Deutschen abweichend, folgende Aussprache:

*ch* = *tsch*, z. B. *chao* Durst, sprich *tschao*;
*j* = *dsch* (sehr weich), z. B. *-jega* tragen, sprich *dschega*;
*s* = *ss* z. B. *saka* Hirse, sprich ssaka;
*z* = weiches *s*, z. B. *-zaza* spielen.

Das in den meisten Bantudialekten vorkommende *sh* = *sch* kennt das Chipogoro nicht.

## 3. Kehllaute.

Bei einer gewissen Anzahl von Wörtern hat das Chipogoro tiefe Kehllaute, die mit dem in der Schweiz gesprochenen »ch« in »ich« identisch klingen.

Wörter dieser Art sind:

*Mbuenghu* (Name), sprich *Mbuenχu*,
*khou* Banane, sprich *χou*,
*khongo* Käferart, sprich *χongo*,
*nkhaala* Flußkrappe, sprich *nχaala*,
*khamagama* Hornrabe, sprich *χamagama*,
*khongocholi* Spottvogel, sprich *χongocholi*,
*linkhombi* Frucht, sprich *linχombi*,
*khulungu* Kieselstein, sprich *χulungu*,
*khanga* Perlhuhn, sprich *χanga*,
*khungnuni* Wanze, sprich *χungnuni*, usw.

Dieser Rachenlaut χ verdankt seine Entstehung dem Sprechbedürfnis des Mpogoro, gewisse Vokale am Anfang und am Ende des Wortes, zuweilen auch in der Mitte, durch ein *h* der Trennung besonders hervorzuheben. Es gilt diesbezüglich folgende Regel:

Alle Wörter, welche endigen auf *du, tu, gu ku, ga, ta, ti, ou, ao, ue, go, ko*, setzen zwischen den Konsonant und Vokal, sowie zwischen den Doppelvokal ein *h* der Trennung; z. B.

*mundu* Mensch, sprich *mund-hu*,
*wandu* Leute, sprich *wand-hu*
*ntundu* Gras, sprich *ntund-hu*,
*lubundu* Faden, sprich *lubund-hu*,
*lukonta* Knospe, sprich *lukont-ha*,
*ntaata* Zauberwunder, sprich *ntaat-ha*,
*kaputiputi* Fledermaus. sprich *kaput-hiput-hi*,
*litao* Name, sprich *lita-ho*,
*libue* Stein, sprich *libu-he*, usw.

Folgt nun einem Gutturallaute wie *k* und *g* ein *h* der Trennung, so verschmilzt die Gutturale mit der Aspirale zum tiefen Kehllaute χ; so z. B.

*Mbueng-hu* sprich *Mbuenχu*,
*lugong-ho* sprich *lugonχo*,
*ngang-ha* sprich *nganχa*.

In gleicher Weise findet die Einschaltung eines *h* statt bei einer Anzahl von Wörtern, welche mit *ka, ko, ku* beginnen, wie wir an obigen Beispielen gesehen haben, und findet das Gesetz der Verwandlung in χ seine Anwendung.

## 4. Nasallaute.

Das Chipogoro hat bei bestimmten Wörtern deutlich vernehmbare Nasallaute. Es sind dies jene Wörter, welche mit *ngn*- beginnen; der auf diese drei Konsonanten zunächst folgende Vokal hat dann den Nasenlaut, z. B. *ngnãnga* Hund, *ngnõllo*

Schaf, *ngnõmbe* Rind, *ngnõngo* Gebirgsstock, *ngnõnja* ich schlafe, *linungnũnu* Knie, *ngnũndi* Taube.

### 5. Der Wortton.

Der Ton ruht stets auf der vorletzten Silbe; eine einzige Ausnahme bilden alle jene unbetonten Personalpronomina und einsilbigen Orts- und Zeitpartikeln, welchen *-la* nur, gerade angehängt wird. In diesem Falle behält *-la* immer den Ton. So z. B. *gu-lá* nur du! *pa-lá* gerade da.

Sind diese Formen indes mit einem anderen Worte zu einem Begriff verbunden, so liegt der Ton wieder auf der vorletzten Silbe; z. B. *ulawínno* sofort.

# II. Die Hauptwörter.

1. Im Chipogoro wie in allen Bantusprachen gibt es für das Hauptwort weder einen Artikel noch ein Geschlecht.

2. Die Hauptwörter zerfallen nach ihren charakteristischen Vorsilben in neun Klassen; die von einem Hauptworte abhängigen Attribute oder Prädikate richten sich nach der Klasse ihres Hauptwortes.

3. Die Vorsilben dieser neun Klassen sind folgende:

| Klasse | Singular | Plural | Singular | Plural |
|---|---|---|---|---|
| I. | *m, mu* | *wa* | *mundhu* Mensch | *wandhu* |
| II. | *m, mu* | *mi* | *mtera* Baum | *mitera* |
| III. | *chi* | *vi* | *chironda* Wunde | *vironda* |
| IV. | *n, in, im* | *zi, zin, zim* | *intaata* Zauberwunder | *zintaata* |
| | | | *imbeyu* Same | *zimbeyu* |
| V. | *lu* | *zi, zin, zim* | *lubundhu* Faden | *zimbundhu* |
| | *lu* | *mi* | *ludenke* Bambus | *midenke* |
| | *lu* | *ma* | *lugongo* Berg | *magongo* |
| VI. | *u* | — | *uhere* Schönheit | — |
| | *u* | *ma* | *ubaga* Mehl | *mabaga* |
| VII. | *li* | *ma* | *litope* Sumpf | *matope* |
| | *e* | *ma* | *ebue* Stein | *mabue* |
| | *i* | *ma* | *irindi* Loch | *marindi* |
| VIII. | *ka* | *tu* | *kagodi* Hölzchen | *tugodi* |
| | | | *kana* Kindlein | *twana* |
| IX. | *pa* | *pa* | *paulungi* Schneidezähne | *paulungi* |
| | *mu* | — | *munumba* Innere des Hauses | — |
| | *ku* | — | *kulikwissa* Stolz | — |

4. Die I. Klasse, Klasse der Lebewesen, hat in der Einzahl die Vorsilbe *m, mu* (vor Wörtern, deren Stamm mit Vokal beginnt *mw*), in der Mehrzahl *wa*:

*Mlungu* Gott, *malungu* böse Geister,
*mundhu* Mensch, *wandhu*,
*mpallu* Mann, *wapallu*,
*mdalla* Frau, *wadalla*,
*msongollo* Knabe, *wasongollo*,
*mhinga* Mädchen, *wahinga*,
*mmanda* Sklave, *wamanda*,
*mtua* Häuptling, *watua*.
*mwana* Kind, *wana*,
*msoza* Späher, *wasoza*,
*mhacha* Bruder, *wahacha*,
*muizukullu* Enkel, *wezukullu*.

Merke indes: Alle Wörter dieser Klasse, welche Tiere bezeichnen, behalten in der Mehrzahl die Vorsilbe der Einzahl *m*- mit Voransetzung der Vorsilbe der Mehrzahl *wa*-:

*mpongo* Vogel, *wampongo*,
*mbawala* Buschbock, *wambawala*,
*mbarapi* Pferdeantilope, *wambarapi*,
*mbayuwayu* Schwalbe, *wambayuwayu*,
*mtumbi* Wildschwein, *wamtumbi*,
*mpunda* Esel, *wampunda*,
*mpampani* Floh, *wampampani*.
*mbwaua* Steppenhund, *wambwaua*,
*mene* Ziege, *wamene*,
*mamba* Krokodil, *wamamba*,
*mperere* Klippschliefer, *wamperere*,
*moko* Kopflaus, *wamoko*.

Die Mehrzahl auf *wa*- bilden auch alle Bezeichnungen für Lebewesen, deren Einzahl mit *n*- beginnt, ohne daß das *n* vor dem Stamme abgestoßen wird. So z. B.

*nkuku* Huhn, *wankuku*,
*nkumbi* Wanderheuschrecke, *wankumbi*,
*ngnănga* Hund, *wangnănga*,
*namkwantha* Erdferkel, *wanamkwantha*,
*napondo* Zwergantilope, *wanapondo*,
*ntandala* Schraubenantilope, *wantandala*,
*nankolongo* Adler, *wanankolongo*,
*njuki* Biene, *wanjuki*,
*nyati* Büffel, *wanyati*,
*ntembo* Elefant, *wantembo*,
*nakafusi* Fischotter, *wanakafusi*,
*nchirisi* Grille, *wanchirisi*,
*ngnŭndi* Taube, *wangnŭndi*.

Ebenso diejenigen Tiere, welche mit *li-* in der Einzahl beginnen, z. B.

*liembera* Geier, *waliembera,*
*lintu lia mlungu* Gottesanbeterin, *walintu wa mlungu,*
*lingali* Emmerling, *walingali,*
*liambi* Regenwurm, *waliambi.*

Ausnahme: *lidjebere* Sandfloh, *madjebere.*

Eben genannte Bezeichnungen für Lebewesen der *li*-Klasse bilden die Mehrzahl auch mit der Vorsilbe *ma-,* der überdies noch die Mehrzahlform der I. Klasse *wa-* vorgesetzt wird, also:

*liembera* Geier, *wamembera,*
*lingali* Emmerling, *wamangali,*
*liambi* Regenwurm, *wamambi,*

Ausnahme: *sua* Termite, *wasua,*
*sato* Riesenschlange, *wasato,*
*beya* Feldmaus, *wabeya,*
*fembe* Antilope, *wafembe,*
*huhu* Flußpferd, *wahuhu.*

Wörter, welche mit *g* und *k* beginnen, schalten in der Mehrzahl des Wohlklangs wegen ein *-n-* ein, z. B. *kunga* Aal, *wa-n-kunga*; das gleiche gilt von Wörtern, welche mit einem Lippenlaut (*b, p*) beginnen, wobei das *-n-* sich stets in *-m-* verwandelt, z. B. *pangu* Warzenschwein, *wa-m-pangu.*

Das von den Lebewesen der *li*-Klasse Gesagte gilt auch von den anderen Klassen mit charakteristischer Vorsilbe; so z. B.

*chinufi* Hornisse, *wachinufi,*
*chikongollo* Insekt, *wachikongollo,*
*chinegere* Honigdachs, *wachinegere,*
*lukwiri* Wiesel, *walukwiri,*
*lusolle* eine Vogelart, *walusolle,*
*eyani* Affe, *waeyani,*
*eugu* Bremse, *weugu.*

5. Die II. Klasse hat in der Einzahl *m-, mw-,* und gehören dazu fast alle Baumarten und leblose Dinge:

*mpingo* Ebenholz, *mipingo,*
*mtera* Baum, *mitera,*
*mgota* Arznei, *migota,*
*mwangi* eine Baumart, *miangi,*
*muawa* eine Baumart, *miwawa,*
*muale* eine Baumart, *miwale,*
*muti* Baum, *miti,*
*mtui* Kopf, *mitui,*
*mgunda* Feld, *migunda,*

*mlima* Land, *milima*,
*moto* Feuer, *mioto*,
*mwanga* Flasche, *miwanga*.
*moa* Suppe, *mioa*,
*mtugullu* Leiche, *mitugullu*,
*mkuyu* eine Baumart, *mikuyu*,
*mgua* Zuckerrohr, *migua*.

6. Die III. Klasse hat in der Einzahl *chi-*,[1]) Mehrzahl *vi-*. Vor einem Vokal wird das *chi-* in *ch-*, Mehrzahl *vy-*.

*chiwiga* Topf, *viwiga*,
*chitunga* flacher Korb, *vitunga*,
*chingamba* Süßkartoffel, *vingamba*,
*challa* Finger, *vyalla*,
*chana* Säugling, *vyana*,
*chao* Appetit, Durst,
*chiboga* Speise, *viboga*.
*chakulia* das Eßbare, *vyakulia*,
*chilolero* Glas, *vilolero*,
*cheni* Stirn, *vyeni*,
*chaka* Jahr, *vyaka*.
*chuno* Niere, *vyuno*.

7. Die IV. Klasse: Vorsilbe der Einzahl ist *i* oder *in*. Das Anlaut *-i* wird jedoch in manchen Wörtern nur schwach, gleichsam als Vorschlagsilbe gehört, in anderen verschwindet es ganz:

*ntonga* Muskel, *zintonga*; *ntondho* Stern, *zintondho*.

Vor *b*, *p* und *w* wird des Wohlklanges wegen das (*i*)*n* zu (*i*)*m*; *mw* verwandelt sich in *mb*;

*mbeyu* Same, *zimbeyu*.
*mpula* Nase, *zimpula*,
*mpingo* Ebenholz, *zimpingo*,
*mbavu* Rippe.

Vor *m* und *s* fällt (*i*)*n* aus, so:

*meta* Blitz, *zimeta* (auch *mi-*),
*sambia* Frucht, *zisambia*,
*sessi* Funke, *zisessi*,
*sembe* Grab, *zisembe*.

Tiere stets *wa-*, *somba* Fisch *wasomba*.

8. Die V. Klasse bilden die Wörter auf *lu-* der Einzahl, Mehrzahl *zi-*, *zin-*, *zim-*; *lu-*, *mi-*, *lu-*, *ma-*.

Es gelten hierbei folgende Regeln:

[1]) Anmerkung: Ein *ki-* als Vorsilbe kennt der Mpogoro nicht; es ist darum unrichtig, seine Sprache *kipogoro* statt *chipogoro* zu benennen.

Einzahl *lu-*, Mehrzahl *zi-* bilden alle Wörter, welche Werkzeuge, Sachen, Hausgeräte, Teile am menschlichen und tierischen Körper bezeichnen; z. B.

*luchira* Schwanz, *zinchira*,
*lukomba* Nabelstrang, *zinkomba*,
*lukullumiru* Kehle, *zinkullumiru*,
*luchemba* Bach, *zinchemba*,
*ludewa* Kulthöhe, *zindewa*,
*lupoma* Gürtel, *zimpoma*,
*lukoa* Gürtel, *zinkoa*,
*lutekero* Becher, *zintekero*,
*lucherero* Längenmaß, *zincherero*.

*lu-*, *mi-* bilden alle Wörter dieser Klasse, welche Gräser und Bäume und die mit denselben in Zusammenhang stehenden Dinge bezeichnen.

*lussaka* Mtamagras, *missaka*, [1]
*lutete* starkes Gras, *mitete*,
*luyungu* Kürbisranke, *miyungu*,
*lutukutu* Grasstengel, *mitukutu*,
*lugugu* Grasstengel, *migugu*,
*luganigani* kurzes Gras, *miganigani*,
*lufukulullu* Baumart, *mifukulullu*,
*lussalla* Grasart, *missalla*,
*lutendia* Grasart, *mitendia*,
*lukoi* Bananenstaude, *mikoi*, [2]
*lulimbiri* wilde Bananenstaude, *milimbiri*,
*lusekeseke* kurzes Gras, *misekeseke*,
*lukollaoga* kurzes Gras, *mikollaoga*,
*lussumpejenche* Steppengras, *missumpejenche*,
*lupumbunyama* Steppengras, *mipumbunyama*.
*lusontho* Dorn, *misontho*,
*lutti* Dornakazie, *mitti*,
*lukuli* Baumrinde, *mikuli*,
*lugoi* Baumbast, *migoi*,
*lufyagiri* Besen, *mifyagiri*,
*luwerege* Mtamastengel, *miwerege*,
*lukontha* Knospe, *mikontha*,
*lukonkho* Baumart, *mikonkho*,
*luchiga* Wurzel, *michiga*,

[1] *zissaka* heißt der Mtama, Mtamahaufen.
[2] *nkhou* Banane, *zinkhou*; *luassi* Stroh, *liassi* (Bündel): *luavu* Rippe, *navu*.

*lumpokozollo* Baumast, *mimpokozollo*,
*ludenke* Bambus, *midenke*.

Merke: Bezeichnungen von Bäumen sowie von Dingen, welche von Bäumen stammen, mit der Einzahl *lu-*, können die Mehrzahl auch auf *zi-* bilden; so:

*lukuli* Baumrinde, *mikuli* und *zinkuli*,
*luaga* Umzäunung, *miwaga* und *zimbaga*,
*lugoi* Strick, *migoi* und *zingoi*,
*lubao* Holz, *mibao* und *zimbao*.

*lu-*, *wa-* bilden alle Wörter dieser Klasse welche Tiere, bezeichnen, mit der Eigenart, daß *wa-* nicht dem Stamm, sondern dem Stamm mit der Vorsilbe *lu-* der Einzahl vorgesetzt wird z. B.

*lukwiri* Wiesel, *walukwiri*,
*lusolle* Vogelart, *walusolle*.

*lu-*, *ma-* bilden als Ausnahme nur wenige Wörter, wie:

*lugongo* Berg, *magongo*,
*lutambi* Ast, *matambi*,
*lussungu* Mitleid, *massungu* Leiden.

Ähnlich wie die Benennungen der Bäume in die zweite, so fallen fast alle Namen von Bächen und Flüssen in diese, in der Einzahl mit *lu-* (*ru*) anlautende Klasse, z. B. *Luaha*, *Luri*, *Luhembero*, *Lulanga*, *Luegu*, *Lundesi*, *Lumbesi*, *Lukandi* usw.

9. Die VI. Klasse umfaßt die Wörter mit der Vorsilbe *u-* der Einzahl; hiervon bilden alle, welche abstrakte Begriffe bedeuten, Einzahl und Mehrzahl gleich; so: *utari* Größe, Höhe, *ukamba* Breite, *ufupi* Kürze, *upati* Dummheit, *uhere* Schönheit, *ulere* Schwäche, *upuere* Faulheit, Trägheit, *ukangkalla* Stärke, *umanda* Sklaverei, *ukopi* Wert, *ukomu* Schlechtigkeit, *ugweka* Alleinsein, *utamkua* Geiz, *ukullu* Größe, *wana* (= *uana*) Kindheit, *utessi* Unkeuschheit, *usso* Unkeusches, *uzito* Schwere, *uchiwa* Waise sein, *uballa* Schlauheit, Verschlagenheit.

Ausnahme: *lukwali* Verrücktheit.

Daneben gibt es eine Anzahl Wörter auf *u-*, welche, obschon sie nicht Abstrakta sind, keine Mehrzahl bilden, wie: *ussungu* Pfeifgift, *utua* Herrschaft, *ufizu* Zahnfleisch, *ubundhu* Baumwolle, *uliangani* Abenddämmerung, *uponia* Erlösung, *ugozi* Genick, *ulomo* Vorhaut, *uno* Graphit, *ulera* Kalk, *umatu* Lärm, *ussinga* Mähne, *ukapikapi* Maiskleie, *ulankalanka* Neugier, *uonkumu* Oxyd, *ukanga* Rost, *ubaharia* Lohn, *ungallangalla* Blüte.

Eine große Anzahl dieser Klasse indes bildet die Mehrzahl auf *ma-*, so z. B.

*ujimbi* Bier, *majimbi*,
*ubaga* Mehl, *mabaga*,

*uganga* Zauberei, *maganga*,
*uato* Boot, *mato*,
*uliri* Matte, *maliri*,
*upindi* Bogen, *mapindi*,
*usambati* Busch, *masambati*,
*ukaya* Dorf, *makaya*,
*utumbo* Darm, *matumbo*,
*umpunga* Federbusch, *wampunga*,
*uyoyo* Glöcklein, *mayoyo*,
*upele* Krätze, *mapele*,
*ussanga* Perle, *massanga*,
*utami* Krankheit, *matami*, usw.

Ausnahme: *ussigi* Augenbraue, *wanaussigi*.

10. Die VII. Klasse. In der Einzahl *li-*, in der Mehrzahl *ma-*. Es ist die Klasse der Früchte und alles dessen, was aus dem Stamme hervorwächst; in gleicher Weise alles dessen, was am Körper von Lebewesen sich befindet und hervortritt. Außerdem umfaßt diese Klasse noch eine Menge anderer Benennungen, z. B.

*lijani* Mais, *majani*,
*liombo* Batate, *mombo*,
*linknamba* Batate, *manknamba*.
*likoyo* Hanf, *makoyo*,
*lirawi* Erdnuß, *marawi*,
*litongatonga* Frucht, *matongatonga*,
*linkongolli* Stamm des Baumes, *mankongolli*,
*litambi* Ast, *matambi*,
*ligogo* Stamm, *magogo*,
*lisso* Auge, *masso*,
*lipepe* Ohr, *mapepe*,
*likutu* Ohr, *makutu*,
*lino* Zahn, *meno*,
*lioko* Hand, *maoko*,
*liwega* Schulter, *mawega*,
*ligullu* Fluß, *magullu*,
*liromo* Lippe, *maromo*,
*lisio* Stimme, *masio*,
*liwele* Brust, *mawele*,
*lipi* Geschwür, *mapi*,
*lipadja* Schenkel, *mapadja*,
*litao* Name, *matao*,
*liwago* Axt, *mawago*,
*lizissy* Schatten, *mazissy*,
*ligi* Ei, *magi*.

Merke: Alle mit *li-* beginnenden Wörter, deren Stamm mehr als eine Silbe hat, können statt *li-* die Vorsilbe *e-* haben, ohne daß die Bedeutung dadurch im geringsten sich ändert, z. B.

*libue* Stein, und *ebue*; *lifuizo* Schweiß, und *efuizo*; *litoga* Leber, und *etoga*; *lidaki* Baumfrucht, und *edaki*.

Ist ein Wort dieser Klasse Subjekt oder Objekt ohne nähere Bestimmung und Betonung, so haben diese Worte meist *e* (*i*) als Vorsilbe, tritt aber ein Pronomen oder Adjektiv hinzu, so steht *li-*; z. B.

*litao, liako* dein Name, nie *etao liako,*
*lironda ali* diese Wunde, nie *eronda ali.*
*ligullu lia muana* der Fuß des Kindes, nie *egullu lia muana* usw.

Bloß in der Mehrzahl kommen vor:

*mafundo* Unterricht, *mahalla* Verstand, *madjua* Zeit, *makondo* Krieg, *maaka* Kraft.

11. Die VIII. Klasse bildet die Einzahl auf *chi-,ka -,* Mehrzahl *tu-*. Diese Vorsilben dienen dazu, um aus dem Stammwort die entsprechende Verkleinerung zu bilden.

*kana* Kindlein, *twana,*
*kaboga* etwas Speise, *tuboga* Bissen,
*kamage* Messerchen, *tumage,*
*kanyao* Kätzchen, *tunyao,*
*chimuti* Bäumchen, *tumuti* und *vimuti,*
*chignanga* Hündchen, *tugnanga* und *vignanga.*
*chibue* Steinchen, *tubue* und *vibue.*

Zur Bezeichnung des Teilchens einer Sache mit Kollektivbegriff wird nicht die Einzahl-, sondern die Mehrzahlvorsilbe *tu-* gebraucht, = etwas von, ein wenig von, ein bißchen; so z. B.

*tulawi* etwas Erdnüsse,
*tubundhu* etwas Faden,
*tungu* etwas vom Kürbis,
*tujimbi* etwas Bier,
*tungamba* etwas Kartoffel,
*tunu* etwas Salz,
*tubaga* etwas Brei,
*tusere* etwas Reis,
*twaji* etwas Wasser,
*tooto* etwas Feuer.

12. Zur IX. Klasse gehören alle jene Formen, welche durch die Vorsilben *pa-*, *mu-*, *ku-* gebildet werden und in Bedeutung und Behandlung eigentlichen Hauptwörtern gleichkommen. Einzahl und Mehrzahl sind bei dieser Klasse stets gleich. So:

*pakaya* Ortschaft, Ort,
*pantundhu* Steppe,
*paupenekero* Nasenspitze.
*pahundu* Handgelenk,
*pamalao* Morgenfrühe,
*paliwalla* Mittag,
*pachimihi* Abend,
*pachiru* Nacht.
*pakati* Mitte,
*patari* Entfernung,
*pagwegera* Nähe,
*pachifu* Herd, Küche,
*petu* unsere Heimat,
*penu* eure Heimat,
*kwetu* zu unserer Heimat,
*kwenu* zu eurer Heimat,
*munumba* das Innere des Hauses.

Außerdem können die Infinitive mit *ku-* als Substantiva gebraucht werden, z. B. *kulichera kwikaala chikuku chikamalla* Lernen ist harte Arbeit;
*kulikwissa* Stolz,
*kuseka* Gelächter,
*kukoya* Reue,
*kuliholla* Trauer.

# Deklination.

Dativ, Akkusativ und Vokativ sind in ihrer Form dem Nominativ gleich; die Erkennungszeichen, in welchem Kasus ein Hauptwort steht, liegen im Verbum. Es wird später davon gehandelt werden.

Der Genetiv wird auf folgende Weise gebildet: Zwischen das regierende und das abhängige Substantiv werden zwei Partikeln geschoben, die jedoch durch Kontraktion in eine verschmolzen werden. Die eine (erstere) Partikel ist das persönliche Fürwort (er, sie, es, pl. sie) des regierenden Substantivs, die andere die Possessivpartikel *-a*.

Folgende Tabelle zeigt die nach den einzelnen Klassen verschiedenen Personalia und die aus ihnen und der Possessivpartikel *-a* entstandenen Genetivpartikeln.

| | Personalia | | Genetivpartikel | |
|---|---|---|---|---|
| Klasse | Sing. | Plur. | Sing. | Plur. |
| I. | *yu* | *wa* | *yu-a = gwa* | *wa-a = wa* |
| II. | *gu* | *i* | *gu-a = gwa* | *i-a = ya* |
| III. | *chi* | *vi* | *chi-a = cha* | *vi-a = vya* |
| IV. | *i* | *zi* | *i-a = ya* | *zi-a = zia* |
| V. | *lu* | *zi* | *lu-a = lua* | *zi-a = zia* |
| VI. | *u* | *u* | *u-a = wa* | *u-a = wa* |
| VII. | *li* | *ma* | *li-a = lia* | *ga-a = ga* |
| VIII. | *ka* | *tu* | *ka-a = ka* | *tu-a = twa* |
| IX. | *pa* | | *pa-a = pa* | desgl. |
| | *mu* | | *mu-a = mwa* | desgl. |
| | *ku* | | *ku-a = kwa* | desgl. |

Zur Verdeutlichung mögen folgende Beispiele dienen:

I. Kl. *mdalla gwa mtua* die Frau des Häuptlings,
*wadalla wa mtua* die Frauen des Häuptlings.

II. „ *mgunda gwa manda* der Acker des Sklaven,
*migunda ya manda* die Äcker des Sklaven.

III. Kl. *chironda cha ligullu* die Wunde des Fußes,
*vironda vya ligullu* die Wunden des Fußes.
IV. „ *ntaata*[1]) *ya mganga* das Wunder des Zauberers,
*zintaata zia mganga* die Wunder des Zauberers.
V. „ *lubundhu lua nguo* der Faden des Kleides,
*zimbundhu zia nguo* die Fäden des Kleides.
VI. „ *ubaga wa saka*[2]) das Mehl des Mtama,
*pl. mabaga ga saka.*
VII. „ *liombo lia mgunda* die Batate des Feldes,
*mombo*[3]) *ga mgunda* die Bataten des Feldes.
VIII. „ *kana ka mtua* das Kindlein des Häuptlings,
*twana twa mtua* die Kindlein des Häuptlings.
*kamage ka mwana* das Messerchen des Kindes,
*tumage twa mwana* die Messerchen des Kindes,
*tumage twa twana* die Messerchen der Kindlein.
IX. „ *pachimihi pa lichu* (*paherepa*) der gestrige Abend (war schön).
*pamalao pa lero* der heutige Morgen.
*kulikwissa kwa mundhu* der Stolz des Menschen.

Die drei Genetivpartikeln der IX. Klasse (*pa-, mwa-, kwa-*) dienen auch häufig zur Bildung des Lokativs. Dabei entspricht *pa-* unserem »bei«, »nahe bei, zunächst dem«, »zur Zeit von«; *mwa-* unserem »in, im«; *ku-, kwa-* unserem »nach, auf« oder »von« (auf die Frage wohin, woher).

So bedeutet:

*pebue* (*pa ebue*) beim Stein,
*paluchemba* am Bache,
*pamlima* auf der Erde,
*pa-* hat bestimmte Bedeutung. So heißt:
*paluchemba* am, beim Bache,
*pegorogollo* am Kehlkopfe,
*pegullu* am Fuße.
*pere* = in der Nähe herum, ungefähr, irgendwo am, z. B.
*pere luchemba* irgendwo am Bache, usw.
*mu* (*mwa*) *numba* im Hause.
*kwiboma* nach der, auf die Boma,
*kwa Liganga* zum Liganga.

[1]) Sollte heißen *intaata*; dieses *i* des Vorschlags fällt indes weg.
[2]) Aus euphonischem Grunde wird vor *saka* gerne ein *m-* eingeschoben.
[3]) *mombo* aus *ma-ombo.*

# III. Die Adjektiva.

## 1. Übereinstimmung.

a) Die eigentlichen Adjektiva nehmen, mögen sie sich in attributiver oder prädikativer Stellung befinden, die Vorsilbe desjenigen Substantivs an, das sie näher bestimmen. Die Anzahl derselben ist ziemlich beschränkt. Es seien folgende angeführt:

*-komu* schlecht, häßlich, ganz, heil, frisch,
*-tari* hoch, lang, fern, groß, tief,
*-fupi* kurz, klein,
*-pati* unreif, dumm,
*-eru* weiß,
*-titu* schwarz,
*-chere* rot,
*-dididi* klein, schmal, eng,
*-kullu* groß, breit,
*-vua* viel,
*-tangalla* viel,
*-gona* alt (Kleid),
*-teke* mild, anständig,
*-kangalla* stark, kräftig,
*-kamalla* fest, hart,
*-zotopa* schwer,
*-euka* leicht,
*-lere* schwach,
*-puere* träge, faul, müßig,
*-olo* sanft, weich, zart.

Merke: *-herepa* gut und *-kalipa* scharf sein, werden verbal behandelt und bilden die I. Klasse mit dem pron. konj. *ga-*, *wa-*; ebenso alle hier angeführten Adjektiva, welche auf *-a* endigen, da dieselben eigentlich Verba sind.

Man sagt also:

I. Kl. *mundu mkullu* ein großer Mensch,
*wandu wakullu* große Leute.
II. „ *mtera mkullu* ein großer Baum,
*mitera mikullu* große Bäume.
III. „ *chironda*[1]) *chididi* eine kleine Wunde,
*vironda vididi* kleine Wunden.
IV. „ *mbeyu ikamalla* ein harter Same,
*zimbeyu zikamalla* harte Samenkörner.

[1]) *chironda* bedeutet an sich schon die kleine Wunde, *lironda* heißt die große Wunde.

V. Kl. *lubundhu lueru* ein weißer Faden,
*zimbundhu zineru* weiße Fäden.
VI. „ *ubaga uchere* rotes Mehl,
*pl.* desgl. oder *mabaga machere.*
VII. „ *liwago likali* eine scharfe Axt,
*mawago makali* scharfe Äxte.
VIII. „ *kamage kakangalla* ein starkes Messerchen,
*tumage tukangalla* starke Messerchen.
IX. „ *pakaya paherepa* ein schöner Platz,
*makaya maherepa* schöne Plätze.
*kulikwissa kupati* dummer Stolz.

Demnach ist die Flexion der Adjektiva genau dieselbe wie die der Substantive.

Bei *-osere* alle tritt Elision ein: *wa-osere* wird *wosere, ga-osere* wird *gosere, vi-osere* wird *vyosere, ziosere* bleibt *ziosere.*

b) Die deutschen Adjektiva werden auch vielfach in der Weise gegeben, daß ein Substantiv in Genetivform oder ein Adverb beigefügt wird. Z. B.

*mundu gwa utari* ein großer Mensch = ein Mensch von Größe,
*wandu wa utari* große Leute.
*ngnanga mkali* und *ngnanga gwa ukali* ein scharfer Hund,
*wangnanga wa ukali* scharfe Hunde.
*chindu cha siai* ein neues Ding,
*vindu vya siai* neue Sachen.
*lueni lukullu* und *lueni lua ukullu* ein großer Strom.
*chigota cha chuma* ein eiserner Stuhl.
*libue lia pampindi* der obere Stein.
*lioko lia kumchigi* die linke Hand.
*numba ya mabue* ein steinernes Haus.
*watata wa chuma* eiserne Riegel usw.

Ausnahme: *vichuku hera* vergebliche Mühe.

c) Eine weitere und noch häufiger vorkommende Form, deutsche Adjektive auszudrücken, ist die Zuhilfenahme des Hilfsverbums *kwana* »sein mit«. So z. B.

*mundu ga-na maaka* der starke Mann oder der Mann, welcher Stärke hat,
*wandu wa-na maaka* die starken Leute,
*mwana ga-na upuere* das faule Kind,
*wana wa-na upuere* die faulen Kinder.

d) Fehlende Adjektiva und adverbial gebrauchte Adjektiva werden auch durch Umschreibung ausgedrückt, dazu dienen Verba und Adverbia.

Und zwar

α) durch das Präsens

z. B. *ku-ninita* leise sagen,
*guninite!*[1]) oder *gutakula kwa kuninita!* sprich leise!
*kulemera* sc. *magullu* lahm sein,
*kuolla* faul sein,
*kutoka* müde sein,
*kulikwissa* stolz sein,
*kuikaala hera* müßig sein,
*kulikangira* tapfer sein,
*kunama* zahm sein,
*kupima, kuguga* erkältet sein,
*kusirra* (von Pers.) fertig sein,
*kupera* (von Sachen) alle sein,
*kulangalla* rein sein,
*kumema* voll sein,
*kusigalla* übrig sein,
*kusakalla* (*nguo*) unnütz sein,
*kualla* krank sein,
*kuloa* feucht sein,
*kuwama kodjakodja* weich sein,
*kudimyuka* stumpf sein,
*kunua fuka* zäh, elastisch sein,
*kulupasa* kahl sein,
*kutossia* genug sein.

β) Durch das Perfekt

z. B. *kutita kala* dunkel sein,
*kuhoa, kufua kala* tot sein,
*kafua kala* er ist tot,
*kuwalla* hell sein, Tag sein,
*guwalla kala* es ist Tag,
*kulingania* zusammen sein usw.

## 2. Steigerung.

Dieselbe kann im Adjektiv selbst nicht ausgedrückt werden, sondern muß, falls sie sich nicht aus dem Sinn ergibt, umschrieben werden, mit *ku-pita*, z. B.

1. Der Löwe ist größer als der Leopard
*simba mkullu gapita duma,*
oder *ukullu wakue simba upita wa duma.*

---

[1]) oder auch gutakula guninite.

2. Der Löwe ist das stärkste Tier

*simba gana maaka, gapita wanyama wosere.*

Der Superlativ wird indes gewöhnlich durch *nagaka* sehr, überaus, gegeben; so:

*wanyama wana maaka, simba gana nagaka.*

Um aus dem Sinne die Steigerung erkennen zu lassen, werden gewöhnlich Interjektionen gebraucht; so z. B. *duma gana ukali, simba eh!*

# IV. Die Pronomina.

## 1. Die persönlichen Fürwörter.

### a) Die unbetonten Personalia.

| | Singular | | |
|---|---|---|---|
| *Nominativ* | *na* (*n-*, *ni-*, *nu-*) ich | *gu* du | *ga*, *yu* er, sie, es |
| *Dativ* | *na* (*n-*, *ni-*, *nu-*) mir | *gu* dir | *m* ihm, ihr, ihm |
| *Akkusativ* | *na* (*n-*, *ni-*, *nu-*) mich | *gu* dich | *m* ihn, sie, es |
| | Plural | | |
| *Nominativ* | *tu* (*tw-*) wir | *mu* ihr | *wa* (*i*, *e*) sie |
| *Dativ* | *tu* uns | *gu-ni*[1]) euch | *wa* (*i*, *e*) ihnen |
| *Akkusativ* | *tu* uns | *gu-ni*[1]) euch | *wa* (*i*, *e*) sie |

Merke: *na-*, *ni-*, *nu-* »ich« wird gesetzt je nach dem Vokale der unmittelbar auf *na-* usw. folgenden Silbe, so zwar, daß ersterer mit letzterem stets in Einklang gebracht wird; so z. B.

*nu-gu-koma* ich schlage dich,
*ni-li-koma* (sc. *lisso*) ich schlage es (das Auge),
*na-wa-koma* (sc. *wandu*) ich schlage sie (die Leute).

Unmittelbar vor dem Verbum stehend wird »ich, mir, mich« durch bloßes *n-* ausgedrückt, wenn das Verbum mit *k* oder *g*, also einem Gutturallaut beginnt; hebt das Verbum mit einem Labiallaut wie *b*, *p*, *f* an, so verwandelt sich das *n-* in *m-*; der Nominativ »ich« wird indes gewöhnlich gar nicht ausgedrückt. Tritt *n-* »ich« vor *l*, so verwandelt sich das *l* in *d*; z. B.:

*n-koma* oder *koma* ich schlage,
*ga-n-koma* er schlägt mich,
*n-guma* ich werfe,
*ga-n-guma* er wirft auf mich,
*m-bata* ich erwische,

[1]) Hierbei wird das *-ni* stets an das Ende des Verbums gesetzt, z. B. *nu-gu-koma-ni* ich schlage euch.

*ga-m-bata* er erwischt mich,
*m-pukuta* ich trockne ab,
*ga-m-pukuta* er trocknet mich,
*m-fira* ich liebe,
*ga-m-fira* er liebt mich; kann aber auch heißen »er liebt ihn«, weshalb zur Vermeidung von Mißverständnissen gewöhnlich das betonte persönliche Fürwort *nene* oder *nenga* beigefügt wird; so:
*ga-m-fira nene* er liebt mich,
*n-lipa* ich zahle wird *ndipa*,
*n-lie* ich möge essen wird *ndie*,
*n-lolla* ich schaue wird *ndolla*,
*n-lawa* ich komme heraus wird *ndawa*.[1]
*n-lua* ich bitte wird *ndua* usw.

Ausnahme hiervon: *nonga* ich sage von *n-longa* statt *ndonga*. Ferner tritt die Verwandlung *l* in *d* nie ein vor dem reflexiven *li* und dem Klassenpräfix *li*. So stets: *ni-li-fiffa* und nicht *ndififfa*; *ni-li-koma* (*lisso*) und nicht *ndikoma*.

Von obigem Gesetz der Assimilation der Vokale macht das einsilbige Verbum *-pa* geben eine Ausnahme; »ich gebe« heißt *nu-pa*, »er gibt mir« *ga-nu-pa*.

Das reflexive »sich« heißt für alle Klassen, Singular und Plural, *li*,
*ga-li-tenda* er verletzt sich.

### b) Die betonten Personalia.

Sie heißen:

| Singular | Plural |
|---|---|
| *nene*, *nenga* ich, mir, mich. | *twenga* wir, uns, |
| *gwenga* du, dir, dich, | *muenga* ihr, euch, |
| *ayu* er, ihn | *awa* sie, ihnen. |

Die betonten Personalien können mit Vorsetzung der bezüglichen Genetivform auch als Possessivpronomina gebraucht werden; z. B. *manda gwa nene* mein Sklave, oder ein Sklave von mir,
*makaya ga twenga* Dörfer von uns,
*zimbao zia gwenga* Brennholz von dir,
*mgunda gwa muenga* Acker von euch.

Die betonten Personalia geben ferner an sich schon ohne weiteren Zusatz das deutsche »selbst«; so *nenga* ich und ich selbst. Soll das »selbst« besonders hervorgehoben werden, so wird *mu-ene* selbst, in Person, angehängt.

[1]) sprich: *ndaua*.

Merke:

*nu-muene* ich selbst, ich persönlich,
*gu-muene* du selbst,
*ga-muene* er selbst,
*twa-wene* wir selbst,
*mwa-wene* ihr selbst,
*wene* sie selbst.

Hat das deutsche »selbst« den Begriff von »allein«, »ohne fremde Beihilfe«, so ist »ich selbst« = »ich allein« mit *kweke hera* zu geben.

So: *nene kweke hera* ich allein, ich selbst,
*gwenga kweke hera* du allein, du selbst, usw.

Eine dritte Art das »selbst« = »nur ich« wiederzugeben, ist die Verbindung mit *ullá*, das dem Personale stets vorangeht und den Ton auf der letzten Silbe hat.

So: *ullá nene* ich selbst, nur ich,
*ullá gwenga* nur du, usw.

Doch merke wohl:

Nur das Pronomenpersonale hat Singular und Plural *ullá* unverändert vor sich. Bei den anderen Klassen von Wörtern tritt die charakteristische Klassensilbe vor *-la* und bildet Singular und Plural wie ein Adjektiv; auch ist seine Stellung zwischen Nomen und Zahlwort, hinter den Substantiv. Z. B.

*chigota chillá chimo* nur ein Stuhl,
*vigota villá viwili* nur zwei Stühle.

## 2. Die hinweisenden Fürwörter.

a) Das Demonstrativum »dieser, diese, dieses«. Es wird gebildet, indem man vor den Nominativ der unbetonten persönlichen Fürwörter der 3. Person ein *a-* setzt; beim Demonstrativum des Singular der I. Klasse steht statt *ga* immer *yu*. Z. B.

I. Kl. *mundu ayu* dieser Mensch,
*wandu awa* diese Menschen;
II. „ *mtera agu* dieser Baum,
*mitera ai* diese Bäume;
III. „ *chironda achi* diese Wunde,
*vironda avi* diese Wunden;
IV. „ *mbeyu ai* dieser Same,
*zimbeyu azi* diese Samen;
V. „ *lubundhu alu* dieser Faden,
*zimbundhu azi* diese Fäden,
*ludenke alu* dieser Bambus,
*midenke ai* diese Bambusstäbe,

*lugongo alu* dieser Berg,
*magongo aga* diese Berge;
VI. Kl. *ubaga au* dieses Mehl,
*mabaga aga* diese Mehlarten;
VII. „ *litope ali* dieser Sumpf,
*matope aga* diese Sümpfe;
VIII. „ *kana aka* dieses Kindlein,
*twana atu* diese Kindlein,
*kamage aka* dieses Messerchen,
*tumage atu* diese Messerchen;
IX. „ *pakaya apa* dieser Platz,
*makaya aga* diese Plätze,
*mumlima amu* auf diesem Berge,
*kulikwissa aku* dieser Stolz.

b) Das Demonstrativum »jener, jene, jenes«.

Es wird gebildet, indem man dem Nominativ des persönlichen Fürwortes der 3. Person die Endung *-lia* anhängt.

Merke beim Singular der I. Klasse *u-lia* jener, nicht *yu-lia* oder *galia*.

Demnach entstehen folgende Formen:

I. Kl. *mundu ulia* jener Mensch,
*wandu walia* jene Menschen;
II. „ *mtera gulia* jener Baum,
*mitera ilia* jene Bäume;
III. „ *chironda chilia* jene Wunde,
*vironda vilia* jene Wunden;
IV. „ *mbeyu ilia* jener Same,
*zimbeyu zilia* jene Samen; usw.

Obiges Demonstrativum ist unbetont; ist es indes betont und hat es die Bedeutung von »jener dort«, so verwandelt sich das Schluß-*a* von *-lia* in »*i*« mit gedehnter Betonung.

Also: jener Mensch dort *mundu ulii*,
jene Menschen da *wandu walii*, usw.

Die Stellung von sämtlichen dieser Demonstrativa ist in der Regel nach dem regierenden Nomen.

### 3. Die fragenden Fürwörter.

Die Interrogativa »wer? was? welcher? was für ein?« werden alle durch *gani* ausgedrückt, das dem Substantiv folgt und für alle neun Klassen im Singular und Plural gleich ist; z. B.

*mundu gani* welcher Mensch? *wandu gani*?
*mtera gani* welcher Baum? *mitera gani*?
*chironda gani* welche Wunde? *vironda gani*? usw.

Wem? wen? *gani*, gleich dem Nominativ.

Wessen? wird gegeben durch *gani* mit der betreffenden Genetivpartikel, je nach der Klasse des beigefügten Substantivs; z.B.

*mwana gwa gani*?[1]) wessen Kind?
*wana wa gani*? wessen Kinder?
*mtera gwa gani*? wessen Baum?
*mitera ya gani*? | wessen Bäume? usw.

Merke: Wer bist du? heißt *gwenga gwa gani*? oder *gwenga gwa ga*? *gwenga gani*? würde heißen: was für ein Kerl bist du?

Wo ist? woher ist? wohin ist? wird durch das Suffix *-ochi* ausgedrückt, dem bei der ersten Klasse das Pronomen personale, bei den übrigen Klassen die Genetivpartikel vorgesetzt wird. Zu beachten sind die dabei eintretenden Kontraktionen, indem *a, o, u* vor *-ochi* verschwindet.

Es entstehen dadurch die Formen:

| | | |
|---|---|---|
| I. Kl. | *mundu yochi*? | wo ist der Mann? |
| | *wandu wochi*? | wo sind die Leute? |
| II. „ | *mtera gochi*? | wo ist der Baum? |
| | *mitera yochi*? | wo sind die Bäume? |
| III. „ | *chironda chochi*? | wo ist die Wunde? |
| | *vironda vyochi*? | wo sind die Wunden? |
| IV. „ | *mbeyu yochi*? | wo ist der Same? |
| | *zimbeyu ziochi*? | wo sind die Samen? |
| V. „ | *lubundhu lochi*? | wo ist der Faden? |
| | *zimbundhu ziochi*? | wo sind die Fäden? |
| VI. „ | *ubaga uochi*? | wo ist das Mehl? |
| | *mabaga gochi*? | wo sind die Mehlsorten? |
| VII. „ | *litope liochi*? | wo ist der Sumpf? |
| | *matope gochi*? | wo sind die Sümpfe? |
| VIII. „ | *kana kochi*? | wo ist das Kindlein? |
| | *twana tochi*? | wo sind die Kindlein? |
| | *kamage kochi*? | wo ist das Messerchen? |
| | *tumage tochi*? | wo sind die Messerchen? |
| IX. „ | *pakaya pochi*? | wo ist der Ort? |
| | *makaya gochi*? | wo sind die Orte? |
| | *kulikwissa kochi*? | wo ist der Stolz? |

Wie? auf welche Weise? *ntambu gani*? *ntambu gani gutend'achi*? oder *gutenda ntambu gani achi*? Wie machst du das?

---

[1]) Oder auch *mwana gwa ga*.

Warum? *kwa chichi*? *tozia gani*? wobei nur zu bemerken ist, daß die Frageworte gewöhnlich an den Schluß des Satzes gesetzt werden.

Wozu? wofür? zu welchem Zweck? wird mit dem Genetiv des betreffenden Substantivs, auf das die Frage sich bezieht, und *chichi* gegeben. So z. B.:

*mundu gekaalapa gwa chichi*? wozu ist der Mensch da?
*wandu apa wa chichi*? wozu sind die Leute da?
*mtera gwa chichi*? wozu ist der Baum?
*mitera ya chichi*? wozu die Bäume?
*chimage cha chichi*? wozu ist das Messer?
*vimage vya chichi*? wozu die Messer?
*ubaga wa chichi*? wozu ist das Mehl?
*lioko lia chichi*? wozu ist die Hand?

Wo? woher? wohin? als reine Frage nach dem Orte wird unterschiedslos mit *kochi* übersetzt oder mit *-ko* als Suffix des Verbums und mit Betonung.

*gugenda kochi*? wo gehst du hin?
*gulawa kochi*? wo kommst du her?
*gulififfa kochi*? wo hast du dich versteckt?

Dafür mit gleicher Bedeutung:

*gugendakó*, *gulawakó* usw.

Wieviel? heißt *-ninga*? z. B. *guna mapesa ganinga*? wieviel Pesa hast du?
*wandu waninga*? wieviel Leute?
*vironda vininga*? wieviel Wunden?

Wie groß? läßt sich nur mit dem Pronomen personale, *hangu*, und der entsprechenden Handbewegung geben:

Wie groß ist er? *ga hangu*?

### 4. Die besitzanzeigenden Fürwörter.

Das Pronomen possessivum kann auf zweifache Art gegeben werden, wovon indes die erstangeführte die weitaus gebräuchlichste ist.

a)

| | Singular | | Plural | |
|---|---|---|---|---|
| | mein | *-a-ngu* | unser | *-etu* |
| | dein | *-a-ko* | euer | *-enu* |
| | sein | *-a-kue* | ihr | *-ao* |

Dieselben folgen dem Hauptwort, zu dem sie gehören; zwischen Hauptwort und Fürwort muß aber noch die Genetivpartikel in der vom Hauptwort geforderten Form treten.

Das vor dem Pronomen stehende *-a-* ist des Wohllauts wegen

und bleibt oder verschwindet je nach den hierfür bestehenden Gesetzen der Assimilation der Vokale.

Also folgendermaßen:

| | | | | | |
|---|---|---|---|---|---|
| I. | Kl. | *mundu* | *gwangu,* | *gwako,* | *gwakue,* |
| | | | *gwetu,* | *gwenu,* | *gwao,* |
| | | *wandu* | *wangu,* | *wako,* | *wakue,* |
| | | | *wetu,* | *wenu,* | *wao.* |
| II. | „ | *mtera* | *gwangu,* | *gwako,* | *gwakue,* |
| | | | *gwetu,* | *gwenu,* | *gwao,* |
| | | *mitera* | *yangu,* | *yako,* | *yakue,* |
| | | | *yetu,* | *yenu,* | *yao.* |
| III. | „ | *chindu* | *changu,* | *chako,* | *chakue,* |
| | | | *chetu,* | *chenu,* | *chao,* |
| | | *vindu* | *vyangu,* | *vyako,* | *vyakue,* |
| | | | *vyetu,* | *vyenu,* | *vyao.* |
| IV. | „ | *mbeyu* | *yangu,* | *yako,* | *yakue,* |
| | | | *yetu,* | *yenu,* | *yao,* |
| | | *zimbeyu* | *ziangu,* | *ziako,* | *ziakue,* |
| | | | *zietu,* | *zienu,* | *ziao.* |
| V. | „ | *lutekero* | *luangu,* | *luako,* | *luakue,* |
| | | | *luetu,* | *luenu,* | *luao,* |
| | | *zintekero* | *ziangu,* | *ziako,* | *ziakue,* |
| | | | *zietu,* | *zienu,* | *ziao.* |
| VI. | „ | *ubaga* | *wangu,* | *wako,* | *wakue.* |
| | | | *wetu,* | *wenu,* | *wao,* |
| | | *mabaga* | *gangu,* | *gako,* | *gakue,* |
| | | | *getu,* | *genu,* | *gao.* |
| VII. | „ | *lioko* | *liangu,* | *liako,* | *liakue,* |
| | | | *lietu,* | *lienu,* | *liao,* |
| | | *maoko* | *gangu,* | *gako,* | *gakue,* |
| | | | *getu,* | *genu,* | *gao.* |
| VIII. | „ | *kagodi* | *kangu,* | *kako,* | *kakue,* |
| | | | *ketu,* | *kenu,* | *kao,* |
| | | *tugodi* | *twangu,* | *twako,* | *twakue,* |
| | | | *twetu,* | *twenu,* | *twao.* |
| IX. | „ | *paulungi* | *pangu,* | *pako,* | *pakue,* |
| | | | *petu,* | *penu,* | *pao.* |
| | | *munumba* | *mwangu,* | *mwako,* | *mwakue,* |
| | | | *mwetu,* | *mwenu,* | *mwao.* |
| | | *kulikwissa* | *kwangu,* | *kwako,* | *kwakue,* |
| | | | *kwetu,* | *kwenu,* | *kwao.* |

b) Die zweite Art, den Besitz anzuzeigen, geschieht durch den Genetiv. possessionis des betonten persönlichen Fürwortes; z. B.

I. Kl. *mundu gwa nene* mein Mann,
*wandu wa nene* meine Leute;
II. „ *mtera gwa gwenga* dein Baum,
*mitera ya gwenga* deine Bäume;
III. „ *chindu cha ayu* seine Sache,
*vindu vya ayu* seine Sachen; usw.

An Stelle von *tati gwako, tati gwakue* ist neben dieser vollen Form »*usoko, usokue*« dein, sein Vater und »*unoko, unokue*« deine, seine Mutter im Gebrauch.

Sehr häufig wird statt der vollen Form *-a-kue* nur *kwe* gebraucht, das alsdann unmittelbar an das Substantiv angehängt wird; z. B.

*chindukwe* seine Sache, statt *chindu chakue*.

Noch zu beachten ist die Verwendung des Possessivpronomens zum Ausdruck des deutschen »mein Nächster, mein Nebenmensch«.

a) Singular Plural
*mu-yangu* mein Nächster, *wa-yangu* meine Nächsten,
*mu-yago* dein Nächster, *wa-yago* deine Nächsten,
*mu-yague* sein Nächster, *wa-yague* seine Nächsten,
*mu-yetu* unser Nächster, *wa-yetu* unsere Nächsten,
*mu-yenu* euer Nächster, *wa-yenu* eure Nächsten,
*mu-yao* ihr Nächster, *wa-yao* ihre Nächsten;

b) *nene nu mu-yago* ich dein Nächster,
*nene nu mu-yague* ich sein Nächster,
*nene nu mu-yenu* ich euer Nächster,
*nene nu mu-yao* ich ihr Nächster;

c) *gwenga go-yangu* du mein Nächster,
*muenga mo-yangu* ihr meine Nächsten,
*ayu mu-yague* er sein Nächster;

d) *twenga twa-yago* wir deine Nächsten,
*muenga mo-yague* ihr seine Nächsten,
*awa wa-yago* sie deine Nächsten,
*awa wa-yague* sie seine Nächsten;

e) *twenga twa-yague* wir seine Nächsten,
*twenga twa-yenu* wir eure Nächsten,
*awa wa-yenu* sie eure Nächsten,
*twenga twa-yao* wir ihre Nächsten,
*awa wa-yao* sie ihre Nächsten.

## 5. Die bezüglichen Fürwörter.

Das Relativ wird dadurch ausgedrückt, daß der deutsche Relativsatz koordiniert neben seinen Hauptsatz gestellt wird.

*Gumcheme mundu ayu, gamkoma*[1]) *mwana*!
Rufe den Mann da, der das Kind schlägt!
*Muwacheme wandu awa, wawakoma wana!* Rufe die Leute da, welche die Kinder schlagen!
Der euch geschlagen *gagukomiteni*,
*mundu, gamkomiti mwana* der Mann, welcher das Kind geschlagen hat,
*wandu, wamkomiti mwana* die Leute, welche das Kind geschlagen haben.

a) Relativ als Subjekt.

*mtera, gugua* der Baum, welcher fällt,
*mitera, igua* die Bäume, welche fallen,
*mtera, guguiti* der Baum, welcher fiel,
*mitera, iguiti* die Bäume welche fielen,
*chimage, chitenda* das Messer, welches verletzt,
*vimage, vitenda* die Messer, welche verletzen,
*chimage, chitenditi* das Messer, welches verletzte,
*vimage, vitenditi* die Messer, welche verletzten.

b) Relativ als Objekt.

*mundu yumkoma* (*nene*) der Mann, den ich schlage,
*mundu yumkomiti* (*nene*) der Mann, den ich schlug,
*mundu yugumkoma* (*gwenga*) der Mann, den du schlägst,
*mundu yugumkomiti* (*gwenga*) der Mann, den du schlugst,
*mundu yugamkoma* der Mann, den er schlägt,
*mundu yugamkomiti* der Mann, den er schlug,
*mundu yutumkoma* der Mann, den wir schlagen,
*mundu yumumkoma* der Mann, den ihr schlagt,
*mundu yuwamkoma* der Mann, den sie schlagen,
*wandu wawakoma*[2]) die Leute, welche sie schlagen.

Ist das Relativ, wie in den obigen Beispielen, Objekt und bezieht es sich auf Lebewesen der I. Klasse, dann tritt als Relativ eine Verdopplung des Pronomen personale ein, zwischen welche das auf das Subjekt des Satzes sich beziehende Pronomen personale gesetzt wird; bezieht sich das Relativ auf Wörter der anderen Klassen, so findet eine Wiederholung nicht statt. Z. B. *chigota chinkopiti kala* der Stuhl, den ich früher gekauft habe. Also die Stellung ganz wie im Deutschen.

---

[1]) *-m*-Akkus. des Pronomen personale; es fällt gewöhnlich weg.
[2]) Im Verkehr fällt das erste *wa-* gewöhnlich aus.

III. Kl. *chigota chigukopiti* der Stuhl, den du gekauft hast;
I. „ dagegen: *wandu wanawakomiti* die Leute, die ich schlug;
II. „ *mtera guntema, gwangu* der Baum, den ich haue, ist mein,
*mitera intema, yangu* die Bäume, die ich haue, sind mein.

Zur Übung einige Beispiele:

*mwana gagenda apa* das Kind, das da geht,
*mwana yugamkoma* das Kind, das er schlägt,
*mwana, gewa, gaona kuziatanga* das Kind, das stiehlt, wird bestraft,
*mundu ayu, kewiti, mumbate!* den Mann da, der gestohlen hat, fasset!
*mutolle vindu vyosere, vikewiti mundu!* bringet alle Sachen, die der Mann gestohlen!
*muussii mitera impanditi!* entfernet die Bäume, die ich gepflanzt habe!
*muussii mitera ikaaliti apa!* entfernt die Bäume, die da sind!
*gutole liwago, linkopiti lichu!* hole die Axt, die ich gestern gekauft habe!
*munupe vindu vyosere vinupiti muenga!* gebet mir alle Sachen, die ich euch gegeben habe!

Bezieht sich das Relativ auf ein betontes Pronomen personale oder auf ein Substantiv mit Pronomen possessivum, namentlich wenn beide mit Emphase gesprochen werden, so erhält das zum Verbum des Relativsatzes gehörige Pronomen stets das Präfix *zi-*.

*nene zignenditi* ich, der ich ging,
*gwenga zigugenditi* du, der du gingst,
*ayu zigagenditi* er, der ging,
*twenga zitugenditi* wir, die wir gingen,
*muenga zimungenditi* ihr, die ihr ginget,
*awa ziwagenditi* sie, die gingen.

Merke ferner:

*Mlungu, kaumbiti mlima* Gott, der die Welt geschaffen,
*Mlungu gwangu, ziguumbiti mlima!* mein Gott, der du die Welt geschaffen!
*gandscha gwangu kafuiti lichu* mein Freund, der gestern gestorben ist,
*gandscha gwangu! zikafuiti lichu!* O mein Freund, der gestern gestorben ist!
*wana wangu wosere, zimuikaalati apa muize!* Meine Kinder, alle die ihr da seid, kommet!

Der Genetiv des Relativs wird folgendermaßen ausgedrückt:

*gumcheme mwana, gana mao gwakue kafuiti lero*! rufe das Kind, dessen Mutter heute gestorben ist!

*gumcheme mundu, gana inumba yakue ilunguriliti lichu*! rufe den Mann, dessen Haus gestern abgebrannt ist!

*chigota, chana magullu gakue gabeneka* der Stuhl, dessen Füße gebrochen sind;

*mgunda, guna viboga vyakue violla* oder *violliti* das Feld, dessen Frucht fault oder faul ist.

## 6. Die unbestimmten Fürwörter.

»Ein«, »irgend ein«, »jemand« heißt *mundu*, »man« *wandu*.

»Ein gewisser« *mundu yumo* oder *yumo hera*. Am besten mit *mundu yumo-maani*, z. B. ein gewisser hat gesagt *mundu yumo kalonga maani.* [1])

»Niemand«, »keiner« *pehera mundu, mundu ndiri.*

»Nichts« *pehera chindu*; *chindu ndiri*, wenn als Antwort auf eine Frage.

»Ein anderer« kann mit gleicher Bedeutung auf zweifache Weise gegeben werden.

1. mit *-monga* und entsprechendem Klassenpräfix. So z. B.

I. Kl. *mundu yumonga* ein anderer Mensch,
*wandu wamonga* andere Menschen;

II. „ *mtera gumonga* ein anderer Baum,
*mitera imonga* andere Bäume;

2. mit *-ingi* und entsprechendem Klassenpräfix. So z. B.

I. Kl. *mwana gwingi* ein anderes Kind,
*wana wengi* andere Kinder.

*yu-* vor einem Konsonanten bleibt unverändert, vor einem Vokal verwandelt es sich stets in *gu, gw*; daher nicht *yu-ingi*, sondern *gwingi*.

II. Kl. *mtera gwingi* ein anderer Baum,
*mitera yingi* andere Bäume; usw.

Hat »ein anderer« nicht numerische Bedeutung, sondern gleichen Wert mit »einer anderen Art« dann ist *ntambu yingi* zu setzen.

---

[1]) *maani* = *sijui* ich weiß nicht, von *ku-maana* wissen.

# V. Numeralia.

## 1. Die Grundzahlen.

In Benennung der Zahlen ist das Chipogoro wie alle Bantudialekte äußerst dürftig. Was über 5 hinausgeht, muß schon durch Addition gebildet werden. Für eine Einheit von 10 gibt es neben dem *lichumi* (pl. *machumi*) noch ein Wort *lirongo* (pl. *marongo*) und *butu*, letzteres nur für 10.

| | | | |
|---|---|---|---|
| 1 | *li-mo* | 11 | *lichumi na limo* |
| 2 | *ma-wili* | 12 | „ „ *mawili* |
| 3 | *ma-tatu* | 13 | „ „ *matatu* |
| 4 | *mcheche* | 14 | „ „ *mcheche* |
| 5 | *mohano* | 15 | „ „ *mohano* |
| 6 | *mohano na limo* | 16 | „ „ „ *na limo* |
| 7 | „ „ *mawili* | 17 | „ „ „ „ *mawili* |
| 8 | „ „ *matatu* | 18 | „ „ „ „ *matatu* |
| 9 | „ „ *mcheche* | 19 | „ „ „ „ *mcheche* |
| 10 | *lirongo limo* oder *lichumi limo* (*butu*) | 20 | *marongo mawili* oder *machumi mawili* |

30 *marongo matatu*
40 *marongo mcheche*
50 *marongo mohano*
60 *marongo mohano na limo*
70 *marongo mohano na mawili*
80 *marongo mohano na matatu*
90 *murongo mohano na mcheche*
100 *marongo chumi* oder *machumi machumi.*

Statt *lichumi na limo* ist auch im Gebrauch *kumi pampindi limo* = 10 über 1 usw.

Von den Zahlwörtern werden wie Adjektiva abgeändert: 1 *-mo*, 2 *-wile* 3 *-tatu*; die übrigen bleiben unverändert oder nehmen die Klassensilbe vor das ganze Wort, so: *wandu micheche* oder *wandu wamcheche.*

*mundu yu-mo* ein Mann,
*wandu wa-wili* zwei Leute,
*vigota vi-tatu* drei Stühle,
*wana mohano* oder *wamohano na yumo* sechs Kinder.
„Ein einziger Mann" heißt *mundu yumo hera.*

Merke ferner:
wir zwei *twenga twawili,*
ihr drei *muenga muawatatu,*
sie drei *awa watatu,*
wir alle *twenga tosere* oder *tawosere.*

Seine Stellung findet das Zahlwort hinter dem Substantiv und, falls ein solches vorhanden, auch hinter dem Adjektiv.

## 2. Die Ordnungszahlen.

Sie werden aus den Grundzahlen gebildet durch Vorsetzung der Genetivpartikel. Vor den Stamm des Zahlwortes tritt das Präfix *ka-:*

der erste *gwa kwandscha,*
„ zweite *gwa kawili,*
„ dritte *gwa katatu,*
„ vierte *gwa kacheche,*
„ fünfte *gwa kahano.*
der zweite Mann *mundu gwa kawili,*
der dritte Stuhl *chigota cha katatu,*
die fünfte Axt *liwago lia kahano,*
der sechste Becher *lutekero lua kahano na kamu,*
die siebente Axt *liwago lia kahano kawili.*

Merke:
Der erste Mann heißt *mundu gwa kwandscha* oder *mundu gatangiriti* oder *galonguliriti.*
Merke: *ka-cheche, ka-hano.*

## 3. Zahladverbien.

Dieselben bilden sich aus den Ordnungszahlen mit vorgesetzter Silbe *ya-:*

erstens *kwandscha,*
zweitens *ya kawili,*
drittens *ya katatu,*
viertens *ya kacheche,*
fünftens *ya kahano* usw.,
zehntens *ya chumi.*

*ga-fira* er liebt, usw.
*twa-fira* wir lieben,
*mwa-fira* ihr liebt,
*wa-fira* sie lieben.

Beginnt das Zeitwort mit einem Konsonanten und steht es ohne Objekt, so fällt bei der 1. Person Singular das persönliche Fürwort „ich" gewöhnlich ganz fort; gebräuchlich und korrekt ist es, *n-* vorzusetzen; *na-, ni-, nu-* richten sich, wie oben bereits gesagt, nach dem ersten Vokal des Verbum, mit dem sie gleichlautend gesetzt werden.

Hat das Verbum indes ein Objekt, so wird die volle Form *na-, ni-, nu-* gesetzt und mit dem zunächst stehenden Klassenpräfix in Einklang gebracht; so:

*ni-chi-fira* ich liebe es,
*nu-gu-fira* ich liebe dich,
*nu-m-fira* ich liebe ihn,
*nu-mu-firani* oder *nu-gu-firani* ich liebe euch,
*na-wa-fira* ich liebe sie,
*ni-li-fira* ich liebe mich.

Vielfach wird, wie beim Pronomen personale schon angegeben, das Pronomen der 1. Person Singular durch die erste Silbe des Verbums umgeändert oder sozusagen aufgezehrt.

Zu den oben angeführten Beispielen geben wir noch folgende:

*mallanga* ich zähle, statt *na-wallanga,*
*mbuya* ich kehre zurück, statt *nu-uya,*
*gnenda* ich gehe, statt *na-genda,*
*nembuka* ich reise ab, statt *nu-uka,*
*mona* ich sehe, statt *na-ona,*
*nangulira* ich gehe voraus, statt *na-langulira,*
*nempepa* ich schnupfe, statt *nene-pepa.*

Regeln lassen sich hierfür nur schwer aufstellen, der Umgang allein kann die zahlreichen Ausnahmen lehren.

β) Die schwache Form.

| bejahend | verneinend |
| --- | --- |
| *na-m-kufira* ich fange an zu lieben | |
| *gwa-m-kufira* du usw. | Von der |
| *ga-m-kufira* | schwachen Präsens- |
| *twa-m-kufira* | form wird kein Ne- |
| *mwa-m-kufira* | gativ gebildet. |
| *wa-m-kufira* | |

Diese Form wird also gebildet durch das persönliche Fürwort, ein *-m-* und den Infinitiv, und ist stets da anzuwenden, wo der Anfänger im Chipogoro es für korrekt hält, das Verbum „*ku-anja* anfangen" zu gebrauchen. So z. B:

es fängt an zu regnen *ivula yamkutoa,* und nicht *ivula yanja kutoa,*
das Wasser fängt an zu trocknen *madji gamkoma* (*ku-oma*),
*ivula itoa* es regnet (tatsächlich und stark),
*madji goma* (*ga-oma*) das Wasser trocknet (schnell oder stark),
*wamkwinalla* es fängt an Nacht zu werden.

b) Konjunktiv.

α) Der erste Konjunktiv

hat bloßes Personalpräfix; das Schluß-*a* verwandelt sich in *-e*.

| bejahend | verneinend |
|---|---|
| *ni-fire* ich möge lieben | *ni-fire ndiri* |
| *gu-fire* | usw. |
| *ga-fire* usw. | |

β) Der zweite Konjunktiv

wird gebildet mit dem Präfix *mere-* vor dem Personalpronomen und *-e* statt *-a* am Schluß.

| bejahend | verneinend |
|---|---|
| *mere-ni-fire*[1]) ich würde lieben | *mere-ni-fire ndiri* |
| *mere-gu-fire* | usw. |
| *mere-ga-fire* usw. | |

c) Konditional

setzt zwischen Personalpronomen und den unveränderten Stamm des Zeitworts die Silbe *-ya-*.

| bejahend | verneinend |
|---|---|
| *na-ya-fira* wenn ich liebe | *na-ya-fira ndiri* |
| *gu-ya-fira* | usw. |
| *ga-ya-fira* usw. | |

Beispiele: *na-ya-na vikwatalla, mere gnende* wenn ich Schuhe hätte, würde ich gehen;
*nayamfira mdalla ayu, mere numhete.*
*na-ya-na vikwatalla ndiri, mere gnende ndiri* wenn ich keine Schuhe hätte, würde ich nichtgehen;
*nayamlipa ndiri chuma chakue, mere gatumballe* wenn

[1]) Statt *mere* ist auch *mbere* und *me-* im Gebrauch.

ich ihm sein Eigentum nicht zurückzahlte, würde er zürnen.

Eine zweite Konditionalform wird mit *ye-* und Schluß-*e* gebildet, z. B: *yegatuziange* falls er uns betrügt.

### d) Imperativ.

*gu fire*! liebe! *na-gu-fira*! liebe nicht!
*mu-fire*! liebet! *na-mu-fira*! liebet nicht!

Der negative Imperativ wird auch häufig umschrieben durch *-leka* lassen, sein lassen, unterlassen, z. B.: laß das Stehlen! *guleke kwiwa*!

Der direkte Imperativ auf *-a*, wie im Kisuaheli, ist nie in Anwendung; „komm und bring das!" *gwize kachege*! *gwiza* würde heißen: du kommst, wie *fira* heißen würde: ich liebe.

Die abgeleiteten Zeitwörter auf *-ia* bilden den Imperativ auf *ī* mit Betonung der letzten Silbe. *ku-lia* essen, *gulī* iß!

### e) Der Infinitiv.

*ku-fira* zu lieben *ku-fira ndiri* nicht zu lieben.

Der negative Infinitiv wird häufig umschrieben durch *-leka* unterlassen oder *-lewera* verweigern, verbieten; z. B: er hat uns Befehl gegeben, nicht dorthin zu gehen:
*katulewera tugende apa.*

Mit *kullá* und dem Infinitiv wird das „müssen" ausgedrückt. z. B.: *nene kullá kugenda* ich muß gehen.

## 2. Die Zukunft.

### a) Das Futur der nächsten Zukunft.

| bejahend | verneinend |
|---|---|
| *za-gnenda* ich werde (sogleich) gehen, | *za-gnenda ndiri* ich werde nicht gehen, |
| *za-gugenda* du wirst gehen, | *za-gugenda ndiri* du wirst nicht gehen |
| *za-gagenda* er wird gehen, | usw. |
| *za-twa genda* wir werden gehen, | |
| *za-muagenda* ihr werdet gehen, | |
| *za-wagenda* sie werden gehen. | |

Statt *za-* ist auch *zamba-* als Futurform im Gebrauch.

b) Das Futur der entfernteren Zukunft.

α) Form mit *naga-* und Schluß *-i*.

| bejahend | verneinend |
|---|---|
| *naga-firi* ich werde lieben, | *naga-fira ndiri* |
| *naga-gu-firi* du wirst lieben, | usw. |
| *naga-ga-firi* er wird lieben, | |
| *naga-tu-firi* wir werden lieben, | |
| *naga-mu-firi* ihr werdet lieben, | |
| *naga-wa-firi* sie werden lieben. | |

β) Form mit *ha-* und Schluß-*i*.

| | |
|---|---|
| *ha-firi* ich werde lieben, | *ha-firi ndiri* |
| *ha-gu-firi* du wirst lieben, | usw. |
| *ha-ga-firi* usw. | |
| *ha-tu-firi* | |
| *ha-mu-firi* | |
| *ha-wa-firi* | |

Beide Formen des entfernteren Futurs sind gleichbedeutend, wenn auch diejenige mit *naga-* beliebter zu sein scheint.

## 3. Vergangenheit.

Der Mpogoro hat keine eigentliche Verbalform um die Vergangenheit einer Handlung auszudrücken. Wenn er erzählt oder berichtet, so geschieht dies stets in der Präsensform. Das Vergangensein einer Handlung kann oder muß dann zumeist aus dem Sinne oder aus der stärkeren Betonung geschlossen werden, wobei *gu-* wie *ku-*, und *ga-* wie *ka-* gesprochen werden.

Jene Form der Vergangenheit, welche mit *-kaala*, an den Schluß der Präsensform gesetzt, gebildet wird, hat die Bedeutung des längst Vergangenen, wie *kaala* an sich „früheres, schon längst" = *samani* (*Kis.*) bedeutet.

a) Indikativ.

| bejahend | verneinend |
|---|---|
| *fira-kaala* ich habe geliebt, | *fira ndiri kaala* |
| *gu-fira-kaala* du hast geliebt, | usw. |
| *ga-fira kaala* er hat geliebt, | |
| *twa-fira-kaala* wir haben geliebt, | |
| *mua-fira-kaala* ihr habt geliebt, | |
| *wa-fira kaala* sie haben geliebt. | |

Merke: Ist einfach die Rede, daß die Sache geschehen ist, so steht *kaala* stets hinter dem Verbum, bei der Negation hinter *ndiri*; wird aber die Vergangenheit in Gegensatz gebracht zur Gegenwart, so steht *kaala* an erster Stelle, z. B.:

*kalewera kaala* er hat es verboten,

*kaala kalewera, winno gajimira* früher hat er es verboten, jetzt erlaubt er es.

Das Perfekt wird auch durch ein an den Verbalstamm angesetztes *-iti* ausgedrückt, dieses darf und muß aber nur:

1. in Relativsätzen angewendet werden; z. B.
*gumcheme mundu ayu, kagenditi ulia* rufe diesen Mann, der dorthingegangen ist;

2. in Temporalsätzen, wo im Deutschen „nachdem, als, da" steht, z. B.:
*pagagenditi mundu ulia, wauya wandu wosere* nachdem jener Mensch fortgegangen war, kehrten alle Leute zurück:

3. dient *-iti* auch zum Ausdruck der Betonung einer Behauptung, daß eine Sache tatsächlich und zweifelsohne stattgefunden hat, z. B.: im Gespräche:

*kagenda ndiri* er ist nicht gegangen,

Antwort: *kagenditi* er ist gegangen.

Bei betonter Verneinung einer Tatsache, kommt *-iti* jedoch nicht in Anwendung, z. B.

Ersterer: *kagenda ndiri* er ist nicht gegangen,

Zweiter: *kagenditi* er ist (tatsächlich) gegangen,

Ersterer: *kagenda ndii*. Hier liegt die Betonung auf dem *ndiri* nicht, und verwandelt es sich deshalb in *ndii*.

### b) Konjunktiv.

| bejahend | verneinend |
|---|---|
| *mere ni-fire kaala* ich würde geliebt haben | *mere nifire ndiri kaala* usw. |
| *mere gu-fire kaala* | |
| *mere ga-fire kaala* | |
| *mere twa-fire kaala* | |
| *mere mua-fire kaala* | |
| *mere wa-fire kaala.* | |

### c) Konditional.

| bejahend | verneinend |
|---|---|
| *na-ya-fira kaala* wenn ich geliebt hätte | *na-ya-fira ndiri kaala* usw. |
| *gu-ya-fira kaala* | |
| *ga-ya-fira kaala* usw. | |

*na-ya-gu-fira ndiri kaala, mere nugupe ndiri kaala nguo* wenn ich dich nicht geliebt hätte, hätte ich dir kein Kleid gegeben.

Merke: Das deutsche „wenn" in Temporalsätzen wird mit *hangu* oder *guoni* gegeben; das Schluß-*a* des Verbums verwandelt sich dann in *-i*, z. B. *hangu guoni wandu, guwagambire weze apa* wenn du die Leute siehst, sage ihnen, sie sollen hierher kommen;

*guoni gulichere uhere, nagaguanki chindu hera* wenn du schön lernst, bekommst du ein Geschenk.

### 4. Das „Noch nicht"-Tempus

wird gebildet mit *na-*, das zwischen das Pronomen und Verbum gesetzt wird; das Schluß-*a* des Verbums wird *-i*. Eine andere Weise, dieses Tempus wiederzugeben, ist mittels *siai*, das an den Schluß des Satzes gesetzt wird.

*na-na-m-oni* ich sehe ihn noch nicht,
*gu-na-m-oni* du siehst ihn noch nicht,
*ga-na-m-oni* er sieht ihn noch nicht
usw.

### 5. „Nicht mehr"

wird mit der entsprechenden Zeitform und *kayi ndiri* gegeben, z. B.:
ich werde ihn nicht mehr lieben *naganumfiri kayi ndiri*,
ich liebe ihn nicht mehr *numfira kayi ndiri*.

### 6. Die Gleichzeitigkeit der Handlungen

wird dadurch ausgedrückt, daß vor den Stamm des Verbums jener Handlung, welche gleichzeitig geschieht, ein *u-* gesetzt wird, z. B.:

er ging und weinte *kagenda ulira*
er kam und freute sich *kauya unemerera*
er ging und lachte *kagenda usseka*
er ging und sang *kagenda uimba*
er ging und ging *kagenda utianga*.

Eine Handlung wird an die andere sonst asyndetisch angereiht, ohne Bindeglied.

*gauya, gamkoma, galira.*

Die Gleichzeitigkeit einer Handlung, welche im Deutschen mit „während" zum Ausdruck kommt, kann im Chipogoro auf zweifache Weise gegeben werden:

a) mit der Präsensform, z. B.:
während ich schlafe oder schlief *nene ngnonja*,
b) mit *pa-* und dem Infinitiv, z. B.:
während ich schlief *pa-ku-gonja*.

### 7. Verstärkung einer Handlung.

Die Bedeutung einer Handlung kann verstärkt resp. verallgemeinert werden, indem

a) an den Stamm der nicht abgeleiteten Zeitwörter die Endung *-anga* angefügt wird, so z. B.:

*ku-koma* schlagen, *ku-komanga* stark schlagen, ordentlich durchprügeln,
*ku-mega* verteilen, *ku-meganga* ganz verteilen,
*ku-siuka* abgestanden sein, *ku-siukanga* ganz abgestanden sein,
*ku-dumula* hauen, *ku-dumulanga* durchhauen.

*-anga* besagt also: sehr, ganz, stark, reichlich, allgemein, viel, durchaus, gründlich etwas tun. Es können demnach auch nur transitive Verba diese Verstärkung annehmen.

b) Die abgeleiteten Verba auf *-ira* und *-era* bilden ihre Verstärkung durch Verdoppelung von *-ira* und *-era*, also *-irira* und *-erera*, z. B.:

*-pulira* anblasen, *-pulirira* stark anblasen,
*-itira* eingießen, *-itirira* ganz eingießen,
*-tugira* entfliehen, *-tugirira* ganz entfliehen,
*-komera* einen schlagen, *-komerera* stark schlagen,
*-oyera* sich ausruhen, *-oyerera* sich gründlich ausruhen,
*-megera* austeilen, *-megerera* alles austeilen.

Merke: Letztgenannte Klasse von Zeitwörtern kann zur ersten Verstärkung noch eine zweite, als gleichzeitig doppelte, erhalten; dieselbe geschieht indes nicht durch nochmalige Wiederholung von *-ira*, sondern indem an die erste Verstärkung *-irira* noch *-anga* angehängt wird; so z. B.: *-pulira*, *-pulirira*, *puliriranga*.

Dieses verstärkende *-anga* wird nie angehängt an reflexive und reziproke Verba; bei denselben wird die Verstärkung durch das Adverb *nagaka* gegeben. So z. B. *ku-lifira* sich lieben, *ku-lifira nagaka* sich sehr lieben, nie: *ku-lifiranga*; *ku-lifirana* einander lieben, *ku-lifirana nagaka* einander sehr lieben, nie: *ku-lifirananga*.

## II. Das Passivum.

1. Eine eigentliche Passivform hat das Chipogoro keine; was im Deutschen Passivum ist, muß in Aktivform gegeben werden:

ich werde geliebt *wa-m-fira nene,*
du wirst geliebt *wa-gu-fira gwenga,*
er wird geliebt *wa-m-fira ayu,*
wir werden geliebt *wa-tu-fira twenga,*
ihr werdet geliebt *wa-gu-firani muenga,*
sie werden geliebt *wa-wa-fira awa;*
ich werde von ihm geliebt *gamfira nene,*
du wirst von ihm geliebt *gagufira gwenga,* usw.

Ich bin um meine Habe bestohlen worden:
*wandu wewa chuma changu nagaka.*

2. Eine Art Passivum auf *-ka* bilden eine Anzahl von Zeitwörtern; und zwar wird *-ka* nicht an den Stamm, sondern an das Schluß-*a* des Verbums angehängt. Dabei verwandelt sich das *-a* in *-i* oder *-e*, je nach dem Stammvokal des Verbums, mit dem es in Einklang gebracht wird. Ist der Stammvokal ein *-u-*, so folgt *-i-*.

*-chinta* eintauchen, *-chintika* eingetaucht werden,
*-winga* vertreiben, *-wingika* vertrieben werden,
*-bena* brechen, *-beneka* gebrochen werden,
*-kwena* steigen, *kweneka* erstiegen werden,
*-goma* auftrocknen, *-gomoka* aufgetrocknet werden,
*-bomola* zerstören, *bomoka* zerstört werden,
*-tuma* senden, *-tumika* gesandt werden,
*-gua* fallen, *-guika* zu Fall gebracht werden.

Merke: *ku-tenda* tun, *ku-tendeka* geschehen, werden.

## III. Die Hilfszeitwörter „Sein" und „Haben".

### A. Sein.

Ein eigentliches Wort für das Hilfsverbum „sein" als Kopula gibt es nicht. Um dasselbe auszudrücken, besser gesagt, es zu ersetzen, gibt es mehrere Hilfsmittel:

a) das Pronomen personale,
b) der Genetiv possessiv und das Abstraktum des Prädikats,
c) unmittelbare Anreihung des prädikativen Adjektives an das Subjekt,
d) *kua-na* „sein mit",
e) *ku-ikaala.*

a) Pronomen personale.

*nene-na-mkullu*[1]) ich bin groß,
*gwenga-gwa-mkullu* du bist groß,

[1]) Auch *nene-mba-mkullu.*

*ayu-ga-mkullu* er ist groß,
*twenga-twa-wakullu* wir sind groß,
*mwenga-mwa-wakullu* ihr seid groß,
*awa-wakullu* sie sind groß,
*nene-na-mkullu ndiri* ich bin nicht groß,
usw.

b) Genetiv possessiv mit Abstraktum des Prädikats.

*mundu ayu gwa utari* dieser Mensch ist lang,
*wandu awa wa utari* diese Kerle sind lang,
*mgunda agu gwa uhere* dieses Feld ist schön,
*mundu ayu gwa utari ndiri* dieser Mensch ist nicht lang.

Die Verbindung von Genetiv possessiv und dem Abstraktum findet natürlich nur beim Nomen, nie mit dem Pronomen statt.

c) Unmittelbare Anreihung.

*mundu ayu mkullu* dieser Mann ist groß,
*wandu awa wakullu* diese Leute sind groß,
*mtera agu mkullu* dieser Baum ist groß,
*mitera ai ikullu* diese Bäume sind groß,
*chitamu chikomu* das ist eine peinliche Sache,
*ivula itangalla lero* heute ist viel Regen,
*mundu ayu mkullu ndiri* dieser Mann ist nicht groß.

d) *kua- na* sein mit.

*nene na-na upuere* ich bin faul.
*gwenga gu-na uherepa* du bist brav,
*ayu ga-na uzotopa* er ist schwer,
*twenga twa-na uhere* wir sind schön,
*mwenga mwa-na ulere* ihr seid schwach,
*awa wa-na uvimba* sie sind gesanglustig.

Das Negativum wird von dieser Form nie mit *ndiri,* sondern mit *-hera* gebildet.

*nene nehera upuere* ich bin nicht faul,
*gwenga gwehera uherepa* du bist nicht brav,
*ayu gehera uzotopa* er ist nicht schwer,
*twenga twehera uhere* wir sind nicht schön,
*mwenga mwehera ulere* ihr seid nicht schwach,
*awa wehera uvimba* sie sind nicht gesanglustig.

c) *ku-ikaala.*

Über die Schwierigkeiten, welche der Mangel eines eigentlichen Hilfszeitworts „sein" in sich schließt, hilft da, wo es nicht durch obige Formen ersetzt werden kann, das Verbum *kwikaala* hinweg; es gilt dies namentlich von allen Zeitformen, welche nach dem Präsens folgen, obschon dieses Verbum auch im Präsens für „sein" gesetzt werden kann. Man kann also sagen: *chigota achi chikaala chikullu* dieser Stuhl ist groß, und *chigota achi chikulli.* Die kürzere Form ist indes die beliebtere.

1. Konjunktiv: *nekaale* ich möge sein,
   Futur: *naganekaali* ich werde sein,
   Perfekt: *nekaala kaala* ich bin gewesen,
2. Konjunktiv: *merenekaali* ich würde sein,
   Konditional: *nayekaala* wenn ich wäre.

### B. „Sein" = existieren, dasein.

Es kann auf zweifache Weise wiedergegeben werden:

a) durch das betonte Pronomen oder Nomen mit entsprechendem Nomen oder Klassenpräfix und *apa, palapa,* das dem Pronomen oder Hilfsverbum angehängt wird;

b) durch *ku-ikaala* und *apa* oder die Lokativpartikeln *-pa, -mo, -ko,* welche an das Verbum angehängt werden.

a)

| bejahend | verneinend |
|---|---|
| *nene apa* oder *palapa*[1]) ich bin da, | *nene palapa ndiri* |
| *gwenga palapa* du bist da, | ich bin nicht da, |
| *ayu palapa* er ist da, usw. | usw. |

*mundu ga-palapa* es ist ein Mann da,
*wandu wa-palapa* es sind Leute da.

b)

Präsens: *kaalapa* ich bin da,
*gw-ikaalapa*[2]) du bist da,
*ge-kaalapa* er ist da,
*tw-ikaalapa* wir sind da,
*mu-ikaalapa* ihr seid da,
*we-kaalapa* sie sind da.

Alle übrigen Zeitformen wie das Verbum.

*palapa* hier in der Nähe,

[1]) Auch *na-pa-no* ich bin da, *pala-pano* hier ist es.

[2]) Das *-i-* vor *kaala* ist Vorschlaglaut, der beim Pronom. pers. *gu-* und *mu-* stets rein bleibt, indes mit *ga-* und *wa-* zu *ge-* und *we-* kontrahiert wird.

*mulamo*[1]) hier drinnen,
*kulako* dort in der Ferne.

Der Imperativ von „sein" wird immer mit *kwikaala* gegeben.

Merke: *gwikaale gwa mwana guherepa*
Sei ein gutes Kind!
*muikaale mua wana muherepa*
Seid gute Kinder!
*tuikaale twana tweherepa!*
Wir sollen gute Kinder sein!

### C. „Haben".

Der aktuelle Besitz einer Sache wird mit *kua-na-* „sein mit" wieder gegeben, während der dauernde mit *ku-ikaala na-* zu geben ist.

Präsens.

Indikativ.

| bejahend | verneinend |
|---|---|
| *na-na* ich habe, | *ne-hera*[2]) ich habe nicht, |
| *gwa-na* du hast, | *gwe-hera* du hast nicht, |
| *ga-na* er hat, | *ge-hera* er hat nicht, |
| *twa-na* wir haben, | *twe-hera* wir haben nicht, |
| *mua-na* ihr habt, | *mue-hera* ihr habt nicht, |
| *wa-na* sie haben, | *we-hera* sie haben nicht. |

1. Konjunktiv.

| | |
|---|---|
| *na-ni* ich möge haben, | *na-ni ndiri* |
| *gwa-ni* du mögest haben, | ich möge nicht haben, |
| *ga-ni* er möge haben, usw. | usw. |

2. Konjunktiv.

| | |
|---|---|
| *mere ne-ne* ich würde haben, | *mere ne-ne ndiri* |
| *mere gwe-ne* du würdest haben, | ich würde nicht haben, |
| *mere ge-ne* er würde haben, usw. | usw. |

Konditional.

| | |
|---|---|
| *na-ya na* wenn ich hätte, | *na-ya-na ndiri* |
| *gwa-ya-na* wenn du hättest, | wenn ich nicht hätte, |
| *ga-ya-na* wenn er hätte, usw. | usw. |

[1]) Statt *mulamo* ist auch *mlamo* Sprachgebrauch.
[2]) Auch *nera*.

### Präteritum.

| bejahend | verneinend |
| --- | --- |
| *na-ka-na* ich hatte, | |
| *gwa-ka-na* du hattest, | |
| *ga-ka-na* er hatte, | |
| *twa-ka-na* wir hatten, | |
| *mua-ka-na* ihr hattet, | |
| *wa-ka-na* sie hatten. | |

### Perfekt.

| | |
| --- | --- |
| *na-ka-na kaala* ich habe gehabt, usw. | *na-ka-na ndiri kaala* ich habe nicht gehabt, usw. |

### Futur.

#### a) Näheres.

| | |
| --- | --- |
| *za-na-na* ich werde haben, | *za-na-na ndiri* |
| *za-gwa-na* du wirst haben, | ich werde nicht haben, |
| *za-ga-na* er wird haben, usw. | usw. |

#### b) Entfernteres.

| | |
| --- | --- |
| α) *naga-ne-ni*[1]) ich werde haben, | *naga-ne-ni ndiri* |
| *naga-gwe-ni* du wirst haben, | ich werde nicht haben, |
| *naga-ge-ni* er wird haben, usw. | usw. |
| β) *ha-ne-ni* ich werde haben, | *ha-ne-ni ndiri* |
| *ha-gwe-ni* du wirst haben, | ich werde nicht haben, |
| *ha-ge-ni* er wird haben, usw. | usw. |

[1]) *ne-ni* statt *na-ni* erklärt sich aus oben gegebenem Gesetz der Assimilation der Vokale, wonach der erste Vokal vom zweiten seine Klangfärbung erhält.

# VII. Adverbien.

Die Adverbien des Ortes und der Zeit werden in der Regel durch die Silben *pa-, ku-, mu-* gebildet. Mehrere derselben sind bereits bei Behandlung der Pronomina aufgeführt worden.

Manche Adverbien müssen durch Verba ausgedrückt werden, z. B.: „mehr" durch „vermehren", „weniger" durch „verringern", „fertig" durch „vollenden", „wieder" durch „wiederholen", „zurück" durch „zurückbringen, zurückkehren", usw.

Die am häufigsten vorkommenden sind folgende:

1. Adverbien des Ortes.

*pampindi* oben, droben, hinauf, auf, (nahe),
*kumpindi* „ „ „ „ (hoch oben),
*pazi* unten, drunten, hinunter,
*kutari* fern, in der Ferne, in die Ferne (weit fort),
*patari* „ „ „ „ „ „ „ (nicht weit fort),
*kuoko kwa kulira* rechter Hand, rechts,
*kuoko kwa kumchigi* linker Hand, links,
*kunja* außerhalb, draußen, hinaus,
*munumba* drinnen, innerhalb, hinein,
*pakaya posere* überall.

2. Adverbien des Ortes und der Zeit zugleich.

*pakati pa-* mitten, zwischen,
*kumuambo* jenseits,
*pamuambo* dieseits,
*apa, hapa* hier,
*winno* jetzt, *ullawinno* und *winnowinno* sogleich,
*karakala* schnell, sogleich,
*masiku galia* damals, zu jener Zeit,
*lisiku lilia* damals, an jenem Tage,

*pabehi* nahe, von Zeit und Ort,
*pagwegera* nahe, von Zeit und Ort,
*lijua lingi* ein andermal, an einem anderen Tage,
*pakaya pengi* anderswo,
*kulongollo* vorne, vor, ehe,
*korongollo* „ „ „
*kumberi* hinten, nach hinten, zuletzt,
*kaya imohero* am gleichen Ort,
*lijua limohera* zu gleicher Zeit, gleichzeitig,
*tako* voraus, vornan.

3. Adverbien der Zeit.

*kaala* früher, einst, vor langer Zeit, längst,
*makachu* ganz frühe, in fernster Zeit, vor alters,
*mpoli* nachher, darauf, dann, alsdann,
*lero* heute, diesmal,
*lichu* gestern,
*machana, majugo, majuji* vorgestern,
*chilao* morgen,
*pamalao* morgen früh,
*pauchia* übermorgen,
*winno—winno* bald—bald,
*winno—uyakai* „ „
*majua gosere* immer, stets,
*majua gafua* vielmals, oft,
*chiruchiru* früh morgens,
*palapacha* über-übermorgen.

4. Adverbien der Art und Weise.

*hera* umsonst, für nichts, vergeblich,
*kala* plötzlich,
*nagaka* tatsächlich, wahrlich, wirklich, sehr, überaus, gewaltig,
*kanyata* still, im stillen, heimlich,
*pamuhera* zusammen, zugleich, insgesamt,
*polempole* langsam, leise,
*maani* etwa, wohl, doch, vielleicht,
*chimberembere* rücklings, rückwärts,
*ndi* hintereinander,
*ndiri* nicht.

Die Stellung der Adverbien ist immer hinter dem Worte, das sie näher bestimmen.

# VIII. Die Präpositionen.

Der Gebrauch der Präpositionen ist nur ein beschränkter, wie auch ihre Anzahl eine geringe. Meistens werden dieselben durch die relative Form des Verbums ausgedrückt, die durch Verwandlung das Schluß-*a* in *-era* und *ira* gebildet wird. So heißt die relative Form von:

*-tuga* fliehen *-tugira* vor jemand fliehen, vor jemand niederfallen,

*-lolla* schauen *-lollera* auf etwas schauen, über etwas wachen,

*-lua* bitten *-luwira* für einen bitten,

*-hepa* warten *-hepera* auf einen warten, über einen wachen, abwarten,

*-fika* ankommen *-fikira* bei einem ankommen,

*-pirikana* hören *-pirikanira* auf einen hören, folgen,

*-lira* weinen *-lilira* über etwas weinen,

*-leka* lassen *-lekera* hinauslassen,

*-pulira* blasen *-pulilira* wegblasen usw.

Einfache Präpositionen gibt es fünf: *pa-, mu-, ku-, kwa-, na-*.

1. *pa-* bedeutet: an, bei, in der Nähe von, nahe bei,

*pa-numba* am, beim, nahe beim Hause,

*pa-mabue* bei den Steinen,

*pa-maji* beim Wasser.

Merke: *pebue* = *pa-ebue* beim Stein.

2. *mu-* bedeutet: in, im Innern, hinein, auf,

*mu-numba* im Hause, ins Haus,

*mu-panga* in der Höhle,

*mu-mlima* auf der Erde,

*mu-mgunda* auf dem Felde.

3. *ku-* bedeutet: zu, nach, gegen, von, aus,

*ku-mgunda* auf das Feld, vom Felde,

*ku-numba* zu dem Hause, nach Hause, aus dem Hause.

Merke: *kwi-boma* zur Boma.

4. *kwa-* bedeutet: von, zu, bei, nach, meist mit Namen von Personen und deren Wohnsitz; z. B.: *kwa Lollera, kwa Liganga, kwa Luri.* In Verbindung mit dem betonten Pronomen personale entstehen die Formen: *kwa nene* bei mir zu Hause, *kwa gwenga, kwa ayu* usw.
5. *na* = mit (des Mittels und der Begleitung), aus, vor (der Ursache, dem Grunde).
*-tema na liwago* mit der Axt hauen,
*-fua na njalla,* oder bloß *-fua njalla* vor Hunger sterben,
*-toka na lifuizo* vor Schweiß ermüden.

Durch Verbindung dieser einfachen Präpositionen mit den oben genannten Adverbien des Ortes und der Zeit oder auch mit anderen Redeteilen werden eine Reihe zusammengesetzter Präpositionen gebildet. Die wichtigsten derselben sind:

*pampindi pa-* über, ober,
*kumpindi kwa-* über, hoch oberhalb,
*pazi pa-* unter, hinunter,
*pachikumbi pa-* statt, anstatt,
*pifungo pa-* unter,
*kutari kwa-* fern von,
*kunja kwa-* außerhalb,
*pakati pa-* zwischen,
*kumuambo kwa-* jenseits,
*pamuambo pa-* diesseits,
*kuoko kwa kulia kwa-* rechts von,
*kuoko kwa kumchigi kwa-* links von,
*pabehi pa-* nahe bei,
*korongollo kwa* vor,
*kumberi kwa* hinter,
*pamuhera na-* zusammen mit,
*kwehera* ohne,
*tozia* wegen,
*kulifuana kwa-* gleich von, nach Art von.
*majua ga* zur Zeit von, unter,
*majua magona ga* zur Zeit von.

# IX. Die Konjunktionen.

Wie von Präpositionen, so ist auch der Gebrauch von Konjunktionen ein nicht so häufiger als im Deutschen. Vielfach werden sie durch die Form des Verbums ausgedrückt resp. ersetzt; so liegt in der Infinitiv- und Konjunktivform bereits die Absicht, so daß die Finalpartikel nicht eigens übersetzt werden muß; dasselbe gilt von der Konditionalform, wo die Konjunktion »wenn« schon enthalten ist. Das konsekutive »daß« in Folgesätzen bleibt zumeist ganz unübersetzt.

Die häufigsten Konjunktionen sind diese:

aber (allein) *uyakai,*

als, da, nachdem *pa-*; als er ankam *pagafikiti,*
Da er sah *pagoniti,* nachdem er das getan *pagatenditi achi*;

Merke: Als der Sultan noch lebte *majua magona ga Sultani.*

auch *na,*

bald—bald *winno—winno,* oder mit *hangu-kawia-*[1]) *-hangu,* z. B. *hangu galongachi, kawia galonga hangu* bald sagt er so, bald sagt er so; *hangu walongachi, wawia walonga hangu* bald sagen sie so, bald sagen sie so;

bevor, ehe *huti,* z. B. bevor die Leute kommen, kehre die Stube *weza wandu, huti gufyagire munumba*;

bis *mpaka,*

daher *tozia ai,*

damit durch Infinitiv oder 1. Konjunktiv,

daß *gamba,*

denn *tozia,*

deshalb *tozia ai* oder *achi,* je nach der Klasse des Wortes, auf das es sich bezieht;

doch s. aber; geh doch! *su gugende!*

[1]) *kawia* von *ku-wia* verweilen.

indessen, jedoch s. aber,
nicht nur—sondern auch *na—vilawi; Mlungu kaumba na wapallu vilawi wadalla* Gott hat nicht nur die Männer, sondern auch die Frauen geschaffen;
nun *sú,* oder auch = gleich *winno* jetzt,
nur *hera* und mit *la* an das Klassenpräfix angehängt, z. B. *chigota chilla chimo* nur ein Stuhl;
oder *hangu,*
ob—oder *maani—maani, maani—ma;* z. B. *maani geza ma* ich weiß nicht, ob er kommt oder nicht;
obgleich *vilawi* und Koordinieren der Sätze, z. B. *nduala nene nawafunda lero wana vilawi* obgleich ich heute krank bin, unterrichte ich doch die Kinder;
ohne daß / ohne zu: durch *ndiri* und Koordinieren der Sätze, z. B. *katenda vichuku, viganka ndiri ubaharia,* er hat gearbeitet, ohne Lohn zu bekommen.
seit *siai, siai kuiuka kwangu* seitdem ich geboren bin,
sowohl—als auch *na—na,*
und *na,*
während *pa-* mit Form des Verbums auf *-iti;*
weil *tozia,*
wenn (temporal) *hangu, guoni.*

## X. Interjektionen und Beteuerungen.

Die gebräuchlichsten sind:

*maani to!* tut nichts!
*achi cha chichi?* wozu dies?
*tusoka kaala!* da sind wir!
*umatu!* still!
*su!* voran! los!
*umatu gwenga!* still du!
*umatu mwenga!* still ihr!
*eh chiherepa!* o wie schön!
*eh chidoda!* o wie häßlich!
*sui hangu, sui kwe hangu!* so ist's gut! fertig!
*gulopoke gugenda!* geh fort!
*ee!* sieh da!
*-pera!* aus ist's!
*mao gwe!* o Mutter! o Jemene!
*ai mao gwe!* o Mutter! o Jemene!
*ui!* ach!
*uya, kutama!* o weh!
*ui tati gwe!* o Vater!
*ui mbuyi gwe!* o Großvater! o weh!
*makondo!* auf! zum Krieg!
*wana loboke!* Kinder geschwind!
*sh! kutama!* o das tut weh!

# Zindao zia Wapogoro.

## 1. Sungulla na mtoti.

*Sungulla katereka chiboga chakue. Mtoti keza kutolla moto, kaona sungulla gatereka chiboga. Katolla moto, kagenda panjira, kazima. Kauya kayi, kagamba: »moto guzimika.« Kagenda panjira, kazima. Kauya kayi. Moto guzimika. Katolla, kagenda panjira, kazima. Kauya kayi, kagamba: »moto, guzimika.« Sungulla gamgambira: »Gwayangu guona chiboga chinterek'achi? Su! Gupulilire moto; kalakala chipii, gulie!«*

*Mtoti kalifuaga. Sungulla kagamba: »nagulolle kumpeku! gulolle palla pamoto!«*

*Sungulla katolla lipapa lia duma, kamsonerera kumgongo kwa mtoti. Sui chiboga chipia. Kalia nayu, kalonga: »su gutolle moto!« Mtoti katolla moto kagoloka. Kagamba kagende. Kaona lipapa lia duma kumgongo. Lipapa litenda: wawalaga, wawalaga. Kagenda uguta: »ui, ui!«*

*Kagenda kasoka pamliangu; lipapa lia duma likutuka. Kengira munumba, kagambira mdalla gwakue na wana wakue: »Nyenu niza na duma, gapamliangu ulia.«*

*Mdalla na wana walolla wagamba: »duma, ina!«*

*Njalla yawatama nakaga. Awa liholla: »duma ulia utupite kochi?«*

*Nyalla yawatama nagaka. Mtoti mpallu kalonga: »wana wangu tulikamene! Guoni engue, nene nyama, guoni mgue, muayangu nyama.«*

*Kalikolla na yumo muana, kamkwissia muana, kamlia. Kauya, kalikolla na yumo muana, kamkwissia kamlia.*

*Wasigalla wawili hera na mdalla gwakue. Kagamba: »tulikolle, guoni engue, nene enyama; guoni gugue, gwayangu enyama.« Su walikolla, kamkwissia mpallu.*

*Mdalla kagamba: »gamlii?« Mpallu kagamba: »guleke huti, tuliwiri kawili!«*

*Walikolla, kakwissia mpallu, kagamba: »gamlii?«*
*Mpallu kagamba: »guleke huti, tuliwiri katatu!« Walikolla, wakwissia mdalla, kamlia.*
*Kekaala kweke hera. Njalla itama nagaka. Kalolla, kaona lipapa lia duma, liolla nagaka.*
*Kagamba: »ii sungull'ayu mballa!« Su gekaala mjiwa.*

# Erzählungen der Wapogoro.

## 1. Der Hase und die Hyäne.

Der Hase kochte sein Essen. Da kam die Hyäne, um Feuer zu holen, und sah den Hasen sein Essen kochen

Sie holte nun das Feuer, ging ihres Weges und — löschte es aus. Wiederum kam sie und sprach: »Das Feuer ist erloschen.« Wieder ging sie ihres Weges und löschte es aus. Wieder kehrte sie zurück und sprach: »Das Feuer ist erloschen.«

Da sagte der Hase: »Mein Lieber, du siehst das Essen, das ich da koche? So blase du das Feuer an; es wird schnell gar sein, dann iß!«

Die Hyäne setzte sich. Da sprach der Hase: »Schau doch nicht so herum! Schau nur ins Feuer!«

Da holte der Hase das Fell eines Leoparden und nähte es der Hyäne auf den Rücken. Unterdessen wurde das Essen gar. Er aß mit ihr und sagte dann: »So nimm das Feuer!«

Die Hyäne nahm das Feuer, stand auf und sprach, sie möchte gehen. Da sah sie das Leopardenfell, — es machte: *wawalaga, wawalaga.* Die Hyäne ging und schrie: *ui, ui!* Sie ging und kam zu ihrer Türe; — da zerreißt das Leopardenfell. Sie geht ins Haus und sagt zu Weib und Kindern: »Meine Lieben, ich bin mit einem Leoparden gekommen; da liegt er an der Türe.« Weib und Kinder schauen und sagen: »Wirklich ein Leoparde!«

Sie fühlen Hunger und dieser schmerzt gar sehr. Da denken sie bei sich: »Da ist der Leopard; wie kommen wir vorbei!«

Doch der Hunger schmerzt gar sehr.

Da sprach die männliche Hyäne: »Meine Kinder, da wollen wir wettringen; wenn ich falle, bin ich euer Braten, wenn ihr fallet, dann seid ihr mein Braten.« So umfaßt sie ein Kind, wirft es zu Boden und frißt es auf. Wieder kehrt sie um, erfaßt ein Kind, wirft es zu Boden und frißt es.

So bleiben nur noch sie beide übrig, der Mann und das Weib. Da sprach er also: »Fassen wir an; wenn ich falle, bin ich dein Braten, wenn du fällst, bist du mein Braten!«

Sie fassen sich nun an, und das Weib wirft den Mann. So sprach denn das Weibchen: »Nun wird sie ihn fressen.« Da erwiderte der Mann: »Warte erst, wir wollen noch einmal darauf zurückkommen.«

Sie fassen sich nun an, und das Männchen wird geworfen. Da sprach sie: »So, nun frißt sie ihn.« Aber das Männchen erwiderte: »Warte erst, wir beginnen nun zum drittenmal.«

Sie fassen sich an, das Weibchen wird geworfen, und er frißt sie.

So war er nun allein; doch Hunger schmerzt gar sehr. Da schaut er auf und sieht die Haut. Sie war indes verrottet. Da sprach er: »O! der Hase, dieser Schwindler!«

So war er denn allein.

## 2. Sungulla na lukwiri.

*Lukwiri kagamba: »Kwenga sungulla, pagulififfa na nene, patulingana!«*

*Sungulla kagamba: »nene sungulla mpoota wandu wosere panilififfa, na kwenga lukwiri?«*

*Wagamba: »haya tulififfe!«*

*Sungulla kagenda kulififfa.*

*Lukwiri kagenda, kamona, kagamba: »gulififfa, kugulongiti aku? guleke nakalififfe nene!«*

*Kagenda kulififfa.*

*Sungulla kagenda, kamona, kagamba: »gulififfa kugulongiti aku? guleke gnende nene!«*

*Kagenda kulififfa.*

*Lukwiri kagenda, kamona, kagamba: »gulififfa kugulongiti aku? guleke gnende, nene winno gumona ndala!«*

*Kagenda kasoka pameleka. Kalibawira kaleka meno kuza kekerege.*

*Sungulla kagenda kasoka pameleka, kalikwalla meno ga lukwiri. Kasinduka, kalolla, kagamba: »ah mlima gumera meno!« Kagenda kagambira wantembo, wanyati, wantumbi, wambawala: »nene mona mlima gumera meno.«*

*Wagamba: »ah, twenga twaone mlima gumera meno!«*

*Kakossia wanyama wosere; wabera.*

*Sungulla konda nagaka, kagamba: »malombo!« Kaona chinkumbi, kagamba chinkumbi: »nene mona mlima gumera meno; taku nene na kalolle.«*

*»Wafika pamaleka; kagamba: »meno aga.«*

*Chinkumbi kagamba: »nene nagaona ndiri.«*

*Sungulla kagamba: »meno aga!«*

*Chinkumbi kagamba; »gugende palia huti, nene ndolle!«*

*Sungulla kagenda. Chinkumbi katolla lukwiri kamlekera mumhaku mwakue.*

*Kagamba sungulla: »Guuye, meno gochi, nene nagaona ndiri.«*

*Sungulla kalolla, kaona pehera. Kagamba: »gagenda kochi, kaala nene nagaona palapa. Sui wauka.*

*Chinkumbi kenga njimbi, kagamba wanyama wosere, walanda njimbi, kalawia lukwiri mumhako. Kagamba: »Kaziangiti sungulla pagagamba: »mlima gumera meno lukwiri ayu!«*

*Wanyama wosere wazuga: »ah, lukwiri 'yu!«*

*Sui sungulla kalia chiboga kanencpa.*

## 2. Der Hase und das Wiesel.

Das Wiesel sprach: »Du, Hase, wenn du dich versteckst, dann tu's auch ich; so also um die Wette.«

Da sprach der Hase: »Ich Hase besiege jedermann, wenn ich mich verstecke; und du Wiesel? Nun los, wir verstecken uns.«

Der Hase ging und versteckte sich; auch das Wiesel ging, schaute aber um ihn um und sprach: »Hast du dich versteckt, wie du gesagt hast?«

»Laß mich nur, ich verstecke mich schon!« Und es ging und versteckte sich.

Auch der Hase ging, doch schaute er um und sprach: »Hast du dich versteckt, wie du gesagt hast, laß mich nur gehen!«

»Laß mich nur gehen!« Und er ging und versteckte sich.

Nun ging das Wiesel weiter, schaute um ihn um und sprach: »Hast du dich versteckt, wo du gesagt hast? Laß mich nur gehen, bald siehst du mich nicht mehr.«

Und es ging und kam an einen Scheideweg, grub sich da ein und ließ die Zähne außen fletschen.

Der Hase ging auch, kam an den Scheideweg und stolperte über die Zähne des Wiesels. Er erschrack, schaute hin und sprach: »Ah, die Erde sprießt da Zähne!«

Dann ging er fort und meldete den Elefanten, den Büffeln, den Ebern, den Antilopen: »Ich habe eine Erde gesehen, die Zähne sprießt.«

Alle sagen: »Ah, wir wollen auch die Erde sehen, die Zähne sprießt!«

So fragt er alle Tiere (was das sei); doch alle schüttelten den Kopf.

Da magerte der Hase ab vor Schreck und sprach: »Das ist ein schlimmes Zeichen!«

Nun sah er eine Schildkröte, und zu ihr sprach er: »Ich habe eine Erde gesehen, die Zähne sprießt. Ich will vorausgehen und sehen.« Sie kamen an den Scheideweg; da sprach er: »Sind das nicht Zähne?«

Die Schildkröte erwiderte: »Ich wenigstens kann sie nicht sehen!«

. Da sprach der Hase: »Sind das nicht Zähne?«

Die Schildkröte sagte nun: »Geh' dorthin, weiter fort; ich will dann schauen.«

Der Hase ging.

Die Schildkröte nahm indes das Wiesel, steckte es in ihren Sack und sprach hierauf zum Hasen: »Kehr um! Wo sind denn die Zähne? Ich sehe sie nicht.«

Der Hase schaute auf, sah nichts und sprach: »Wo sind denn jetzt die Zähne hingegangen, gerade hier hab' ich sie gesehen?«

So ziehen sie fort.

Die Schildkröte braute nun ein Bier und sprach zu allen Tieren: »Kommet und trinket mein Bier!«

Alle Tiere kamen und tranken Bier. Unterdessen kommt das Wiesel aus dem Sack hervorgekrochen und redet also: »Der Hase hat geschwindelt, wenn er sagt, die Erde sprießet Zähne!«

Und alle Tiere stimmen lobend für das Wiesel.

Der Hase fraß dann weiter Kraut und wurde fett dabei.

### 3. Sungulla na wanyama wosere.

*Sungulla kalonga, tugendeni twakalolle mbuyi gwa gaponda.*

*Kagamba: »pamlolla, tuu, tuu!«*

*Kagamba: »pamgenda!«*

*Sungulla katoka. kauka.*

### 3. Der Hase und sämtliche Tiere.

Es sprach der Hase: »Laßt uns gehen und unserm Oheim zuschauen, wie er schmiedet.« —

Da sagte er: »Seht da, dies immerwährende *tuu, tuu* (des Blasebalges)!« »Nein, da macht euch fort!«

Auch der Hase wurde müde und ging fort.

### 4. Chamironda na lukunghuluera.

*Wahinga wagenda mukuloa wankalla. Chamironda kawawindikira.*

*Wamlema, wagamba: »tulema, mironda yako inunka.«*
*Chamironda kawawindikira vilawi.*

*Wasoka aku, waona libue likompera wankalla nagaka. Watika gnere. Chamironda kagandulla.*

*Wabata wankalla; wenalla pii.*

*Kagamba Chamironda: »mkolle zifunga!«*

*Chamironda kagenda utenda vironda vyakue: »dshe, dshe, dshe, kumberi pakutita, kulongollo pakulangalla.«*

*Wagenda wafika pa Lukunghuluera. Wagamba: »Lukunghuluera gutufugulire!«*

*Kawafugulira, wengira.*

*Katolla maliri, katandika; katolla etefu kapa Chamironda. —*

*Chamironda kagamba: »nene nana vironda; gupe wahinga wagonje! nene nana vironda, gnonje pazi!«*

*Sui wagonja.*

*Lukunghuluera katolla ligoho, katulla pamoto, kapulilira: »tuu, tuu, pia kalakala, ndili wandu wangu; tuu, tuu pia karakala, ndili wandu wangu.« Katolla ligoho kagamba kagende kawachome.*

*Chamironda kaguta: »ui, ui; wafunduko!« Lukunghuluera kagamba: »guleke wayagu wagonje! Kalawa, kagenda, koka wasimba, waduma, hera nyama wosere.*

*Chamironda katumulla, kemsia wayague, kagamba: »tugendeni! Lukunghuluera kagenda kukoka wasimba, watulii.«*

*Sui Chamironda kania chikutu.*

*Sui wagenda.*

*Lukunghuluera kasoka, kajema Chamironda: »ih! chitika chikutu cha Chamironda!«*

*Lukunghuluera kalawa, kaona wandu pawagenda mulugongo, kakossia: »Mgend' apa mlawite gwangu! Mgend' apa mlawite gwangu? Mgend' apa mlawite gwangu?«*

*Chamironda gagoloka, galonga: »ndala mbuyi, tulawa pazikapa mkozia wali, mawago gaguonaga, hengu ziguonazi?«*

*Sui Lukunghuluera kauya, kagamba: »ina kufua kwangu namuene lero!«*

*Kafika ukaya, kagamba: »njogollo gumbawire pefunkussi.« Njogollo kambawira, katolla njijio, kagubika.*

*Wasimba wamkwiza kwikomi, wemba: »Lukunghuluera tumlie, tumlie? yegatuziange, tumlie, tumlie?*

*Wasoka, waona njogollo, wagamba: »gutulangulire Lukunghuluera; sirá gulema, tugulia.«*

*Wamwingawinga, njogollo kawika: »kokoliko, mlolle kwikamiko!«*

*Walolla kwehera.*
*Wauya, wamwingawinga.*
*Njogollo kawika: »kokoliko, mlolle kumpakatiko!«*
*Walolla kwehera.*
*Wauya, wamwingawinga.*
*Njogollo kawika: kokoliko, mlolle pefunkussipa! Pawagubika jijiupa, wagubulla jijio, wamona, wamlolla, wamlia.*
*Sungulla kagamba: »yegakukuta chifupa, tumhangira palapa.«*
*Sungulla kakollera chifupa chakue, kagenda kukutira pambele pamtumbi.*
*Wagamba: »mtumbi kakukuta efupa!«*
*Wambata, wamhangira palapa, wamlia.*
*Sungulla kanya, kagenda kukutira pambele pambawalla.*
*Wagamba mbawalla: »Kakukuta efupa.«*
*Wambata, wamhangira palapa, wamlia.*
*Hera, nyama wosere wapera lalle; kasigalla ulla sungulla.*

## 4. Wundenvoll und Weißbaum.

Mädchen gingen einst aus, um Krabben zu fischen. Da folgte ihnen der Wundenvoll.

»Wir wollen dich nicht,« sprachen sie, »wir wollen dich nicht, deine Wunden riechen.«

Wundenvoll folgte ihnen aber trotzdem.

Sie kommen nun dorthin (zum Wasser) und sehen einen Stein, der eine Menge Krabben barg. Sie versuchen ihn zu heben, finden ihn indes zu schwer.

Wundenvoll kehrte ihn aber um und so fassen sie die Krabben.

Unterdessen war es finster Nacht geworden.

Da sagte Wundenvoll: »Faßt euch gegenseitig an der Lendenschnur!«

Wundenvoll ging nun voraus, und die Wunden leuchteten (wie Feuer). »Dsche, dsche, dsche! Hinten ist's ganz finster, vorne leuchtet's wie der Tag!« (Gesang.)

Weiter gehen sie und kommen nun zum Weißbaum.

Sie riefen: »Weißbaum, mache auf für uns!«

Er öffnet ihnen und sie treten ein; er bringt ihnen Matten und streckt sie aus. Auch dem Wundenvoll bringt und gibt er eine Schilfmatte.

Wundenvoll sprach: »Ich habe viele große Wunden; gib die Matte lieber den Mädchen zum Schlafen! Ich habe Wunden und schlafe auf der Erde.«

So schliefen sie.

Indessen nahm Weißbaum einen Speer, steckte ihn ins Feuer und blies hinein: »*Tuu, tuu* glühe schnell, ich möchte meine Leute fressen; *tuu, tuu* glühe schnell, ich möchte meine Leute fressen.«

Und er nahm den Speer und sprach zu sich: »Nun gehe er, sie zu spießen.«

Wundenvoll schrie: »*Ui, ui,* die Maden da!«

Weißbaum sprach: »So laß doch deine Leute schlafen!«

Und er ging hinaus und fort, um die Löwen, Leoparden, ja, alle Tiere herbeizurufen.

Wundenvoll wachte auf, weckte seine Gefährten und sagte: »Laßt uns gehen! Weißbaum ist gegangen, um alle Löwen zusammenzubestellen, daß sie uns fräßen.«

Wundenvoll gackte noch im Hause; dann gehen sie.

Unterdessen kommt Weißbaum und ruft den Wundenvoll; ruft: »I! das riecht nach Wundenvoll!«

Weißbaum ging hinaus; da sieht er Leute, wie sie den Berg besteigen, und fragt: »Ihr, die ihr da gehet, wo kommt ihr her? Ihr, die ihr da gehet, wo kommt ihr her? Ihr, die ihr da gehet, wo kommt ihr her?« (Gesang.)

Wundenvoll stand still und sagte: »Nicht von dort, Vetter, wir kommen von da unten, vom Waschen der Fräulein, siehst du nicht die Hacken da, siehst du nicht die Hauen?« (Gesang.)

Weißbaum kehrte also um und sagte zu sich: »Heute sterbe ich selber — zweifelsohne!«

Dann kehrte er heim und sprach zu sich: »(Ich weiß, was ich tue) der Hahn soll mir im Misthaufen ein Loch scharren.«

Und der Hahn grub für ihn ein Loch, holte eine Scherbe und deckte es dann zu.

Da kommen die Löwen schon zur Dorffeste und singen: »Den Weißbaum, den fressen, den fressen wir, wenn er uns betrogen, den fressen, den fressen wir; den Weißbaum, den fressen, den fressen wir, wenn er uns betrogen, den fressen, den fressen wir!« (Gesang.)

Sie kommen hinein und sehen den Hahn. »Zeige uns«, so sprechen sie, »den Weißbaum; wenn du dich sträubst, fressen wir dich!« Und sie jagen ihn herum und herum, da kräht der Hahn: »Kokoliko, schaut auf dem Dache, wo!«

Sie schauen, doch nichts ist da.

Sie kommen wieder und jagen ihn um und um; da kräht der Hahn: »Kokoliko, schaut in der Stube, wo!«

Sie schauen, doch nichts ist da.

Sie kommen wieder und jagen ihn herum; da kräht der Hahn: »Kokoliko, schaut auf dem Haufen, wo!«

Wo nun die Scherbe als Decke lag, da decken sie auf und — sie sehen ihn (den Weißbaum), sie holen ihn hervor und fressen ihn.

Da erhebt der Hase seine Stimme: »Wer da einen Knochen nagt, den mischen wir mit diesem (dem Weißbaum) da.«

Der Hase selber aber nahm einen Knochen, ging und nagte ihn hinterhalb des Ebers.

Da rufen alle: »Der Eber nagt da Knochen!« und fassen ihn und mischen ihn mit jenen da und fressen ihn.

Wieder kam der Hase und ging und nagte hinterhalb der Antilope. Es rufen alle: »Die Antilope da, sie naget Knochen!« und fassen sie und mischen sie mit jenen da und fressen sie.

So kommen alle Tiere der Reihe nach zu Ende.

Nur eines blieb allein, der Hase.

### 5. Kaputiputi na etipitipi, wachinna uganja.

*Etipitipi kagenda kwa mkaputiputi,*

*Kaputiputi kalonga: »muadalla wangu! mtoli mahimbi, mtereke, galii ganja na mueni nkollerere.«*

*Gapii karakala, galii ganja.*

*Kingira numba katiera kumpindi.*

*Mahimbi gapia; wokolla, wampa etipitipi.*

*Kalia; etipitipi kauya, kagenda ukaya kwakue.*

*Kaputiputi kagenda ukaya kwa etipitipi.*

*Tipitipi kalonga: »mdalla gwangu mtole lingnamba, kutereke.«*

*Mdalla katereka.*

*Tipitipi kalonga: »gungubikiri mlamu!«*

*Mdalla kamgubikira.*

*Lingnamba moto gufika.*

*Tipitipi kafua.*

*Kaputiputi kauya ulira.*

*Sui kagenda ukaya kwakue.*

### 5. Die Fledermaus und der Spottvogel schließen Freundschaft.

Der Spottvogel ging einst zur Fledermaus.

Da sprach die Fledermaus: »Mein liebes Weib, bring' Sumpfkartoffeln, koche sie für ihn, daß er, mein Freund, sie esse und ich dann selber auch davon bekomme.

»Gar sollen sie sein so schnell als möglich, dann iß sie, mein Freund.«

Die Sumpfkartoffeln wurden gar; man setzte sie vom Feuer weg und gab sie dann dem Vogel.
Er aß und kehrte dann nach Haus zurück.
Die Fledermaus, sie folgte nun zum Hause des Vogels.
Spottvogel sprach dann also: »Mein liebes Weib, bring' Sumpfkartoffeln her und koche sie!«
Das Weib alsdann sie kochte.
Spottvogel sprach (nachdem er in den Topf gegangen): »So decke mich nun zu!«
Das Weib, es deckte ihn nun zu.
Doch (weh!), die Sumpfkartoffeln fingen Feuer!
Der Vogel war nun tot.
So kehrt die Fledermaus nun um mit Tränen.
Und geht nach Haus zu ihrem Heim.

### 6. Nyati na ntutumbi, wachinna maganja.

*Ntutumbi kagenda kwa nyati.*
*Wamtandikira etefu.*
*Kalema.*
*Kagamba: »mtolle mugoho, mchimike!«*
*Watolla mugoho, wachimika.*
*Kaguluka, kekaala pampindi pamgoho.*
*Wampa chiboga.*
*Kalia palapa pampindi pamgoho.*
*Kasulluka, kagenda ukaya.*
*Nyati kagenda kwa ntutumbi.*
*Wamtandikira litefu.*
*Kalema.*
*Kagamba: »mtolle mugoho, mchimike!«*
*Watolla, wachimika.*
*Kagamba: »gakwene pampindi pamgoho!«*
*Kalisoma mugoho; kafua.*
*Ntutumbi kalira.*
*Nganja kafua.*

### 6. Der Büffel und der Regenpfeifer machen Freundschaft.

Der Regenpfeifer ging einst zum Büffel.
Man breitet eine Matte vor ihm aus.
Er will sie nicht.
Doch sprach er: »Bringet einen Speer und steckt ihn aufrecht in die Erde!«
Man bringt den Speer und rennt ihn in die Erde.

Er flog darauf und blieb oben auf dem Speere.
Er flog herunter und ging dann ruhig heim.
Nun ging der Büffel hin zum Regenpfeifer.
Man breitet eine Matte vor ihm aus.
Er will sie nicht.
Doch sprach er also: »Bringet einen Speer und steckt ihn aufrecht in die Erde!«
Man bringt den Speer und rennt ihn in die Erde.
So sprach er dann: »Oben auf den Speer da soll er steigen!«
Und durch und durch ging ihm der Speer; sein Leben war zu Ende.
So weinte denn der Regenpfeifer.
Der Freund, er war nicht mehr.

## 7. Kanga na lukwiri.

*Kanga gana magi gakue.*
*Lukwiri kasoka, kagaona, kalibawira pakati pa magi, kaleka meno kuza.*
*Kanga kasoka, kaona meno, kalira: »chekee, muantembo, chekee muanyati, muize, mlolle kalima kamera meno!«*
*Wanyama wozere weza, walolla, wazuga: »oh! twenga twanaoni mlima pagumera meno!«*
*Keza sanji, kagamba: »meno kochi?«*
*Wagambaga!*
*Kagamba: »kwenga kanga gwa muana; ayu lukwiri, gafira gagulii.*
*Lukwiri kalema sanji kamkantha, kalawa pamagi, kawingawinga sanji, katoka, kaleka.*
*Kanga kaona sanji, kagamba: »tuteme usali! goyangu gumponia, lukwiri migandii.«*
*Su watema usali.*
*Kanga galonga: »goyangu sanji, guoni guone wana wa lukwiri, guwatende ntambu wafue vilawi. Nene magangu nagaleka gaolla.«*
*Sanji kaona wana wa lukwiri kagolloka palapa pachiputi.*
*Lukwiri keza, kulolla wana wakue.*
*Sanji katenda: »brrr kuteeteetee! nkoma kumpegere, ndeka kumachoga.«*
*Lukwiri katira, kauya, kauya.*
*Sanji katenda: »brrr kuteeteetee, nkoma kumpegere, ndeka kumachoga.«*
*Lukwiri katira.*

*Hera vilawi wana wa lukwiri wafua.*

*Lukwiri kauya, kauya.*

*Sanji gaona wana wafua, kagamba: »gutira, nene na sanji?«*

*Lukwiri kapirikana hangu, kamuingawinga.*

*Sanji katoka, kalira, kagamba: mumgenda, muakagambiri kanga, mgambe: »sanji kana lukwiri, nueng! nueng!«*

*Wagenda wagambira kanga.*

*Wagamba: »sanji kana lukwiri!«*

*Kanga katuma mpuera.*

*Mpuera kaguluka, kagenda, kasoka, kawaona, kasontha sanji, kaguluka nayu.*

*Lukwiri kalollalolla kamona ndiri.*

## 7. Das Perlhuhn und das Wiesel.

Das Perlhuhn hatte Eier gelegt.

Da kam das Wiesel, sah dieselben, grub sich zwischen den Eiern ein Loch und ließ die Zähne außen.

Es kam nun das Perlhuhn, sah die Zähne und schrie: »*Chekee*, ihr Elefanten, *chekee* ihr Büffel, kommet, schauet den Boden, der da Zähne sprießet!«

Alle Tiere kommen und schauen und loben es. »Doch«, so sprachen sie, »wir können noch nicht den Boden sehen, der da Zähne sprießet.«

Auch kam die Spitzmaus und sagte: »Wo sind denn die Zähne?«

Alle sagen: »Da!«

»Du Perhuhn bist wie ein Kind«, erwidert nun die Maus, »dies ist ein Wiesel da, es will dich fressen!«

Das Wiesel wurde zornig, daß die Spitzmaus ihren Namen nannte, kam heraus aus den Eiern und jagte und jagte die Spitzmaus. Schließlich ward es müde und ließ sie laufen.

Das Perlhuhn sah nun die Spitzmaus und sprach zu ihr: »Wir wollen Blutsfreundschaft schließen. Du meine Liebe hast mich vor dem Wiesel gerettet; es würde mich gefressen haben!«

So schließen sie den Blutbund ab.

Da sprach das Perlhuhn: »Du meine liebe Spitzmaus, wenn du die Jungen des Wiesel siehst, dann tust du das gleiche, sie sollen gleichfalls sterben. Ich lasse meine Eier da; sie faulen!«

Die Spitzmaus sah die kleinen Wiesel und stellte sich gerade da auf ein kleines Bäumchen.

Es kommt das Wiesel und schaut nach seinen Jungen.

Da macht die Spitzmaus: »*brrr kuteeteetee!* ich lauf im Gras herum, mein Haus, das Loch, hab' ich verlassen.«

Das Wiesel rennt davon, doch kommt es wieder.

Die Spitzmaus macht: »*brrr kuteeteetee,* ich lauf' im Gras herum, mein Haus, das Loch hab' ich verlassen!«

Das Wiesel rennt davon und alle Wieselkinder sterben ganz wie die andern.

Doch wieder kommt das Wiesel, wieder kommt's zurück.

Da nun die Spitzmaus sah, daß die Jungen totgeblieben, sagt sie: »Du Spitzmaus flieh!«

Das Wiesel hörte dies und jagte, jagte sie herum.

Die Spitzmaus wurde müde, sie schrie und sprach: »Ihr, die ihr da vorbeigeht, meldet's dem Perlhuhn und saget ihm: ›Das Wiesel hat die Spitzmaus nun! *nueng, nueng!*« Sie geh'n und melden es dem Perlhuhn.

Das Perhuhn schickt schnell das *mpuera* (roter Vogel), das *mpuera* fliegt davon, und geht und kommt dorthin und sieht sie beide.

Rasch pickt es die Spitzmaus auf und fliegt mit ihr davon. Es schaut und schaut das Wiesel, doch nichts ist mehr von ihr zu sehen.

## 8. Tembo na chilikwindha.

*Tembo na chilikwindha wachinna maganja.*
*Chilikwindha kagenda kwa nganja gwakue tembo.*
*Tembo kagamba: »nganja kasoka, galiri chichi?«*
*Tembo kagamba: »mudalla mvuachike liwiga!«*
*Tembo katimba ligullu mlamu muchiwiga.*
*Mafuta galawa muigullu lia tembo.*
*Chilikwindha kalia, kagenda.*
*Tembo kagenda kwa chilikwindha.*
*Chilikwindha kagamba: »ganja kasoka, galiri chichi?«*
*Kagamba muadalla: »mvuachike liwiga!«*
*Liwiga lipiupa.*
*Chilikwindha kagamba: »gatimbi ligullu, lilawi mafuta.«*
*Kalungulira mlamu muchiwiga.*
*Tembo kauya ulira, kagenda ukaya gwakue.*

## 8. Der Elefant und der Stieglitz.

Der Elefant und der Stieglitz schließen Freundschaft.
Der Stieglitz ging zu seinem Freunde, dem Elefanten.

Es sprach der Elefant: »Der Freund ist gekommen, was soll er essen?«

Da sagte nun der Elefant: »Weib, setze einen großen Topf aufs Feuer!«

Der Elefant setzte nun den Fuß mitten auf den Topf.

Da strömt das Fett vom Fuß des Elefanten.

Der Stieglitz aß und ging dann fort.

Der Elefant ging jetzt zum Stieglitz hin.

Der Stieglitz sprach: »Es ist ein Freund gekommen, was soll er denn nun essen?«

Da rief er seinem Weibe: »Setz' aufs Feuer einen großen Topf!«

Der Topf indes fing Feuer.

Da sprach der Stieglitz so zu sich: »Ich trete darauf mit meinem Fuß, daß Fett daraus fließe.«

Und er verbrannte sich im Topfe.

Der Elefant —, er kehrte um und weinte; dann ging er fort nach Hause.

## 9. Sungulla na kabili.

*Waona njuki ya simba.*

*Wagenda kulia.*

*Mueni simba kawaona. kalonga: »mumlia njuki yangu. muagani?«*

*Wagamba: »twenga twakabili na sungulla.«*

*Sungulla kalonga: »gunyopere mulimpemba lia moto.«*

*Kabili kanyopera, kalonga: »mbuyi guikaali uhere pazipa, nagangume moto!«*

*Waguma sungulla; sungulla kalawa, kagenda.*

*Lijua limonga wauya, walia njuki.*

*Muene simba kawaona, kalonga: »mumlia njuki yangu, muagani?«*

*Walonga: »twenga.«*

*Kabili katolla sungulla kagumira pazi.*

*Simba kambata.*

*Sungulla kalonga: »gumbati mpoli gugambire waliiti njuki yako.«*

*Simba kajimira.*

*Kalonga sungulla: »guleke, guyope, gujege.«*

*Kamyopa.*

*Katolla njuki katula mumpeko, kamjega.*

*Wasoka pamu waona wandhu wamkulimira ubaga.*

*Walonga: »sungulla chigujega chichi?«*
*Sungulla kalonga: »njega vinoganoga, kulira, kulako maji marenga.«*
*Wafika.*
*Sungulla kalonga: »mteme zimpanda, mjenge numba luliri vinoga.*
*Sui wajenga; ipera wingira numba.*
*Sungulla kakwena pampindi kalonga: »myopolle!«*
*Wayopolla.*
*Simba kalawa kalia wanyama wosere lalle.*
*Simba kekuta kalonga: »sungulla guheperere mifupa yangu.«*
*Sungulla kaheperera.*
*Kasoka mtoti.*
*Kalonga sungulla: »niyagu gunupi limu!«*
*Sungulla kampa. kalonga: »gende karakala, mifupa ya weni!«*
*Mtoti kagenda; kagenda kutulla ukaya gwakue.*
*Kauya kai.*
*Kalonga: »sungulla gunupi lifupa!«*
*Sungulla kabera.*
*»Mifupa ya mueni mbuyi«, kalonga. »gugnongonalle!«*
*Mtoti kagnongonalla. —*
*Sungulla katolla mpapa ya duma. kamsonerera kalonga: sui gugende!«*
*Mtoti kagenda kaona mpapa gwa mgongo kalonga: »duma!«*
*Katira, kasoka pamliangu pakue.*
*Impapa ituluka kingira numba.*
*Kalolla, kaiona pamliangu kalonga: »duma wakale palapa!«*
*Njalla iwatossia, kalonga: »mdalla gwangu tulikami, twabuntha, tumlii!«*
*Walikama, wabuntha mdalla, kamlia.*
*Wana wakue kawalia wosere; kasigalla kwekehera. —*
*Katoa vula; lipapa liolla.*
*Mtoti kalawa kaona lipapa liolla.*
*Kalonga sungulla: »kazianga, ndia wana wangu wosere.«*
*Sui kikaala mchiwa.*

### 9. Der Hase und der Affe.

Sie sehen Honig — er gehört dem Löwen — und gehen, um ihn zu essen.

Der Löwe, der Eigentümer desselben, sieht sie indes.

Da sprach er: »Ihr esset da meinen Honig, was seid ihr für Leute!«

Sie erwidern: »Wir sind der Hase und der Affe.«

Da sprach der Hase: »Du, Affe, wickle mich in Feuerreisig ein.

Der Affe wickelte ihn ein und sprach dann zum Löwen: »Vetter, du bleibst da unten schön sitzen, ich werde Feuer hinunterwerfen!«

Der Hase wird hinuntergeworfen; er entkommt und geht davon.

Eines schönen Tages kommen sie zurück und fressen Honig.

Der Eigentümer, der Löwe, sieht sie und sagt: »Ihr fresset da meinen Honig, was seid ihr auch für Leute?«

Sie antworten: »Wir sind es.«

Der Affe nahm nun wieder den Hasen und warf ihn hinunter.

Der Löwe faßt ihn.

Da spricht der Hase: »Faß mich etwas sachte an, daß ich dir sage, wer deinen Honig gegessen hat.«

Der Löwe stimmte bei.

Da sprach der Hase: »Laß mich jetzt dich einwickeln und forttragen.«

Und er wickelte ihn ein.

Den Honig aber streute er dahin und dorthin, dann trug er den Löwen fort.

Da sie nun an den bestimmten Ort gekommen waren, sahen sie Leute, die für Mehlmus geackert hatten, und sie sprachen: »Hase, was trägst du da!«

Der Hase sprach: »Ich trage Süßes, Süßes, um's zu essen; da ist frisches Wasser.«

Sie kommen dorthin.

Der Hase sprach: »Hauet Pfähle und bauet ein Haus, daß wir das Süße essen.«

So bauen sie; als es fertig war, zogen sie ins Haus. — Da stieg der Hase aber oben auf das Dach und sprach: »Macht ihn (den Reisigwickel) auf!«

Sie wickeln ihn dann auf.

Der Löwe kam heraus und schnell fraß er alle Tiere bis aufs letzte.

Der Löwe wurde satt und sprach: »Hase, paß auf meine Knochen auf!«

Der Hase paßte auf die Knochen auf.

Da kam nun die Hyäne und sprach zum Hasen: »Du mein Lieber, gib mir einen!«

Der Hase gab ihm einen; dann sagte er: »Geh' schnell, die Knochen gehören ja dem anderen!«

Die Hyäne ging und ging und brachte sie nach Hause. Doch kam sie wieder und sprach: »Hase gib mir einen Knochen!«

Der Hase weigerte sich.

»Die Knochen gehören einem anderen, Vetter«, sprach er, »beuge dich nieder!«

Die Hyäne beugte sich nieder.

Der Hase nahm ein Leopardenfell und nähte es ihr auf und sprach: »So gehe!«

Die Hyäne ging und sah das Fell auf dem Rücken und sprach: »Ein Leopard!« — und lief davon.

Sie kam an ihre Türe.

Das Fell fiel weg und sie ging ins Haus.

Sie schaute um und sah es an der Türe und sprach: »Ein Leopard ist da!«

Der Hunger schmerzte sie indes gar sehr, und sie sprach: »Du mein Weib, wir wollen ringen, wer fällt, den fressen wir.«

Sie fassen sich nun an, das Weibchen wird geworfen, und sie frißt es.

So fraß sie alle ihre Kinder, und sie nur blieb allein.

Da strömt der Regen.

Das Fell verfault.

Die Hyäne kam nun heraus und sah das Fell. ein faules.

So sprach sie denn zum Hasen: »Er hat mich betrogen; meine Kinder alle insgesamt hab' ich nun gefressen.«

So war sie denn verwaist.

## 10. Liuli kaonera simba pakalia nyama iolla.

*Simba kagamba: »Liuli nagutakula!«*

*Liuli kagamba: »ndala!«*

*Lidjua limonga ulamuka ujimbi kwa sungulla.*

*Walanda.*

*Liuli katenda pasingu: »dokudoku.«*

*Sungulla kagamba: »gufira kutakuli chichi, liuli!«*

*Simba kajega chikoma cha ujimbi, kampa.*

*Liuli kagamba: »ndala mbuyi! nene tambu yangu inikaala.«*

*Simba kagamba: »ndala, gufira gutakuli chindu!«*

*Simba kauya kayi, kaona liuli pakatenda: »dokudoku.«*

*Simba kalitakulira muene kagamba: »liuli gafira gatakule, kaona nene pandia nyama iolla.«*

*Simba kaona gnambira wanyama wosere nagawagende usseka.*

*Simba kabata wanyama wosere, kaweraga, kalema, nawamseka.*

## 10. Der Frosch und der Löwe.

Ein Frosch sah einst den Löwen, da er faules Fleisch fraß.

Da sprach der Löwe: »Frosch, daß du's nicht sagst!«

Der Frosch erwiderte: »O nein!«

Eines Tages reifte nun die Pombe bei dem Hasen.

Sie trinken.

Da machte der Frosch im Halse: »*dokudoku.*«

Der Hase sprach: »Du willst wohl was sagen, Frosch!« —

Da brachte der Löwe einen Krug vom Biere und gab ihm es.

Der Frosch nun sprach: »Nein, Vetter! daß ich so mache, ist eben meine Sitte.«

Da erwiderte der Löwe: »Nein, nein, du willst was sagen!

Der Löwe kam auch ein andermal und sah den Frosch wie er eben machte: »*dokudoku.*«

Der Löwe sprach zu sich selber also: »Der Frosch da will nur sagen, daß er mich gesehen, wie ich faules Fleisch gefressen.«

Der Löwe sah, ich werde es sagen, und alle Tiere werden lachen.

Da faßte der Löwe alle Tiere, tötete sie und verbot es ihnen, daß sie über ihn lachten.

# Glossar.

## Deutsch-Chipogoro.

### A.

Aal *kunga*
Aas *nyama iolla* oder *iolliti*
Aasgeier (Arten) *namhoi, wana-namkunguru*
abändern *galulira*
abästen *pangulira*
abbeißen *luma padididi*
abbezahlen *lipa wanda*
Abbitte leisten *pepezia*
abbrechen *bena, benanga* (tr.), *beneka* (intr.)
abbürsten *puntha*
abdecken *gubulla* (Haus und Gefäß)
Abend *chimihi*
abends, am Abend *pachimihi*
aber *uyakai*
abermals *kawili, kai*
abfallen (Laub) *lagalla*
abfegen *kua* (Eisen abreiben)
abfeilen *kereta na tupa*
abführen *pueka, pita* (Diarrhöe)
Abgabe leisten *jegera mkom-kwetu*
abgehen (mangeln) *hera*
abgestanden (verdorben) *siuka, siukanga*
abgetragen werden *sakalla, gona* (Kleid)
abgleiten *telambuka, tialambuka*
abgrenzen *panakira*
Abgrund (tiefes Loch) *ejema*
abhalten *lewera*, — (verstopfen) *diwa*, — (vom Streite) *bezia*
abhauen *dumula, dumulanga*
abhäuten *pega, peganga*
abkaufen (eintauschen) *taula*
abkratzen *kwantha, kwanthanga*
abkühlen *pozia*, sich — *polla*
abkürzen *sikulla*, — (Weg) *dumula njira*, — (Rede) *dumulira visoero*
ablassen (v. etwas) *leka*
ablecken *lambita*
ablegen (Kleid) *tula*, — (Last) *tula pazi*
ableugnen *bera*, zum leugnen veranlassen *berezia*
ablöschen *zimizia, zimanga*
ablösen *ankana*, — (bei der Arbeit, Last) sc. *vichuku, mzigo*
abmagern (einschrumpfen) *konda, gomoka*
abmessen *jera*, — für jemand *jerera*
abmühen, sich *toka*, — erfolglos *toka hera*, — mit Erfolg, nicht umsonst *toka hera ndiri*
abnagen *kukuta*
abnehmen (Last) *ankana*, — (mit Gewalt) *pooka, serra* (intr.)
abnutzen (Werkzeug) *lazia*, —

(Kleid) *sakazia*, — abgenutzt, stumpf, abgebrannt sein *lala*
Abort *chigogo*, auf den — gehen *genda kuntundhu*, — z. gr. Bedürfnis *nia, ninia, dasi*, — z. kl. Bedürfnis *tunda*
abpflücken (Früchte, Melonen, Blumen) *apa*, einige Maiskolben — *bena majani*, — das ganze Maisfeld abernten *benanga majani*
Abrede, in — stellen *bera*
abreiben *kua, chua*
abreisen *uka, genda*
abreißen *kutula* (tr.), — (Seil) *kutuka* (intr.)
abschaffen *ussia*
abschälen *dauwa*
abschätzen (Preis) *liholla ukopi*
abschäumen *yengula*
Abschaum *efulufulu*
Abscheu ausdrücken (d. Mienen) *chichima*
Abschied nehmen *liraga*
Abschiedsformel *nyagu gnenda!* Ich gehe! Antwort *ina!* (wenn mehrere zugegen) *nyenu genda!*
abschlagen (Bitte) *lewera*
abschneiden *dumula, tema*
abschrecken *kogobezia*
abschütteln *assa, assanga*
abseits (adv.) *luballi lua*
absetzen (Amt) *ussia*
Absicht *lukani, gnanchi*, in guter — *lukani luherepa*, in schlechter — *lukani ludoda*
absichtlich *lukani, gnanchi*
absondern (auslesen) *bagulla*
absperren *diwa*
abspülen *gululla*
abstehen (verderben) *siuka, siukanga*
absteigen *suluka*
abstellen (Falle) *betulla, betullanga*
abstreifen (Blätter vom Mtamastengel) *pulumulla*
abstumpfen *dunguka, sanyuka*
abteilen *paka mpaka*
abtragen (Haus) *bomolla*
abtrocknen *pukuta*, sich — *lipukuta*
abwarten *hepa*, — (Kind aufziehen) *hepera*, — (Kranken pflegen) *luazia*
abwärtsgehen *serrera*
abwaschen (Hände) *nauwa*, — (Füße) *gululla*, — (Gesicht) *lifiangulla*, — (Kleid) *puta*, — (ganzen Körper) *oga*
abwechseln, sich *ankana* (sc. *vichuku*), — (Aussage ändern) *galulira*
abwehren (Feind) *winga*, — (Schlag) *lizigirira*
abwickeln (Faden) *akasulla*
abwischen *pukuta*, sich — (Lehm abstreifen) *lipukuta*
abzahlen *lipa wanda*
Abzeichen *mpinga*
abziehen (vermindern) *pungulla*, — (Haut) *pega*
Abzugsgraben *lukukulua*
Achsel *liwega, ma*
Achselhaare *miwufi*
Achselhöhle *nkwapa, wa*
Achselzucken *seka mawega*
acht *mohano na itatu*
achten (ehren) *lamsia*, — (achtgeben) *lollera*
Acker *mgunda*
Ackerhacke *chipandhu*
ackern *lima*
Adamsapfel *lukullumiro, egollogollo*

adelig *muana gwa mtua*
Adler *nankolongo, machanga, liembera*
Affe, Hundsaffe *eyani*, Meerkatze *kabiri, eripa*
After *lukundhu*
ähnlich sein *lifuana*
Ähre *ekungui*, in Ähren schießen *puntha*
Ahne *mkullu gwa makachu*
Akazie (Tamarinde) *mkwachu*, — (Dornakazie) *mtalulla*
all *osere*
alle werden *pera*
allein a) *kweke hera*. ich — *nene kweke hera*, du — *gwenga kweke hera*, er — *ayu kweke hera*, wir — *twenga kweke hera*, ihr — *muenga kweke hera*. sie — *awa kweke hera*; b) mit *ullá*, ich allein (nur ich) *ullá nene*. du — (nur du) *ullá gwenga*, er — (nur er) *ulla ayu*, wir — (nur wir) *ullá twenga* usw.; c) durch *eni* (*e*) (selbst, persönlich) ich allein *nu-muene*. du — *gu-muene*, er — *ga-muene*, wir — *twa-wene*, ihr — *mwa-wene*, sie — *wene*
allein (Konj.) *uyakai*
als (Konj.) beim Komparativ durch *-pita* (übertreffen) = da (Zeitpartikel) *pa-*
alt *mkullu*, sehr — (Mann) *mtua, mtoka*, (Frau) *ekollo*.
alt werden (Leute) *toka*, — (Kleid) *gona*, — (Dinge) *gwa kaala, gwa makachu*
Alter (das) *majua*
Ameisenarten *sua. wa*. Termite, fliegende Ameise; — rote. beißende *salafu, wa-*; schwarze *namtula, wa-*; weiße *mmche, wa-*; große, schwarze, stinkende *epilipili*; bläuliche *mtugaluiro*, ganz kleine *sungu. wa-*; rote, kleine *nkongholoma*
Ameisen, fliegende, mit Korb einfangen *punga wasua*, — Korb zum Einfangen *lusegeyu*. — schwärmen *wasua wamkolla muti*
Ameisenbär (Erdferkel) *namkwantha*
Amulett *vuma*
anbeten (Kisw.) *abudu*
anbinden *yopera*
anblasen (anhauchen) *pulira*, — (Feuer) *kozia*
ander *ingi, monga*; ein anderer *mundu gwingi, pl. wengi*; *mtera gwingi, pl. yingi*; *chigota chingi, pl. vingi*; *lubundhu luingi. pl. zingi* usw.; *mundu yumonga. pl. wamonga, mtera gumonga. pl. imonga*; *chigota chimonga, pl. rimonga*; *lubundhu lumonga. pl. zimonga*
anderswo = wohin, woher *penge*
andermal, ein *muanja. gwingi, kala kawili*
ändern *galamlira*
aneifern *nguanika*
aneinanderreihen (Perlen) *tunga*. — (Sachen, Leute) *kongeka*, sc. *lukongo* die Reihe
anerkennen *jimira, jimirira*
Anfang *kwanja*, am — *pakwanjira*
anfangen *anja*
anfassen (leicht) *kolla*, — (stark) *bata*
anführen *longolla. longollera*

anfüllen *memezia*
Angebot *ukopi*, — machen *takula ukopi*, schönes — machen *kantha panama*
Angehöriger des Stammes *lukollo*
Angel *chichaka*, *chijeka*
Angelegenheit *vichuku*
Angesicht *cheni*
angreifen (fassen) *kolla*, (im übertragenen Sinne) — das Salz greift den Menschen an *munu gumkolla mundu*, — die Pombe greift den Menschen an *ujimbi gumkolla mundu*
angrenzen *pakana*
Angst *lioga*
ängstigen *tetemizia* (tr.), sich — *ona lioga*, *litetemizia*
Anhänger *muindikira*
anhauchen *pulira*
anklagen *nenera*
ankleiden (Überwurf) *wala*, — (langes Lendentuch) *kwinda*, — (kleines Schamtuch) *vuala mpati*, — (Rock mit Ärmeln) *ingira*, einen — *kwindizia*
anklopfen (Tür) *donda*, — um Einlaß bitten *fuguzia*, — hereinlassen *fugulira*
ankommen *soka*, *fika*
anlegen = ankleiden, — (Verband) *nyenga*, — (Feuer) *pamba*
anlehnen sich (rückwärts) *agama*, — (vorwärts) *lionera*, (tr.) *agamia*, *agamizia*
anliegen, was liegt daran? *achi chichi?* — liegt nichts daran? *maani*
anmachen (Feuer) *kozia moto* (anblasen)
anmaßend *na makeho*, *na lukwali*
annehmen (Geschenk) *anka*
annageln *komera*
anpassen *jera*, *jerera*
anrufen *chema*, *chemanga*, — (fragend) *kossia*
anschauen *lolla*, — (fixieren) *katirira*
anschließen, sich *genda ndiindii*
anschwellen *vimba*, — (Fluß) *dumba*, angeschwollen *mema*
ansehen *lolla*
ansiedeln, sich *hama ukaya gwingi*
anspannen (Seil) *nika*
anspeien *temera* (*mate*)
anspritzen *miaga*
anständig *na mahalla*, *vimaana ntambu*, un— sein *hera mahalla*, *ntambu*
anstatt *pachikumbi pa-*
anstaunen s. staunen *likangacha*
anstecken (Krankheit) *logizia*
anstellen *pa chichuku*, *tuma*
anstiften (Unfrieden) *songizirira*
anstimmen *langulira kwimba*
anstoßen *tinna*, *gumbulla*, *gugulla* tr., (Fuß, stolpern) *likwalla*, — (Kopf) *likungnulla*
anstreichen *paka*
anstrengen, sich *kangamalla*
Anteil erhalten *anka chitongi*
Antilopenarten: Zwergantilope *napondo*, Wasserbock *ndogoro*, Buschbock *mbawalla*, Rappenantilope *mbarapi*, kl. Antilope *fembe*, kl. Antilope *funo*, Elenantilope *mbunju*, Schraubenantilope *ntandala*
antreiben *winga*
antworten *ankulla*, — (Echo) *itika*

anwünschen (Böses) *panga*
anziehen s. ankleiden, Schuhe — *vuala*
anzünden *pamba*, — (anfachen) *kozia*
Arbeit *chichuku, vichuku, mahengo*
arbeiten *tenda vichuku*
Arbeiter *mtenda, mpagazi*
ärgern *langulira vidoda*, — (erzürnen) *taga maya*, sich — *kua na maya*
argwöhnen *kazia*, falsch — *kazia hera*
Arm *lioko*
arm *mgadju, lunda ndiri*, — (Waise, Blinder) *mchiwa*
Armband (Ring) *egombo*, — (starker Metalldraht) *chitindi*, — (schwache Saite) *ndodi*, — (schwacher Draht) *lujenje*, — (Schnur m. Holzpflöckchen) *vikullu*
Ärmel *lioko lia nguo*
Armut *ugadju, uchiwa*
Art (Gattung) *litongo*, — (Sitte, Gewohnheit) *ntambu*, das ist keine — *ntambu gani ai*
Arznei *mgota, mtera*, — bereiten *tenda mgota, tereka mgota*, behandeln mit — *tereka mgota*
Arzt *mtereka mgota, gana migota*
Asche *lifu*
Aschenhaufe im Pori *lupi*
Ast *litambi*
Asthma *tama chifua*
Atem *mfuki*
atmen *pumulla*
auch *na*
auch nicht *temera*
auf *pa-, ku-*, oben, hinauf (nahe) *pampindi pa-*, oben, hinauf (ferner) *kumpindi kwa-*
aufatmen *taga mpueru*
aufbewahren *tula*
aufbieten (Krieg) *koka*
aufbinden *tiengnenia*
aufblasen *pulira*, (tr.), sich — *duwenkulla*
aufbrechen (Geschwür) *tumbulla*, — (sich spalten) *salika*, — (zur Reise) *yaula*
aufdecken *gubula*
aufeinanderlegen *djereka, djerekera*
auferstehen *zinka*
auffahren (erschreckt) *sinduka*
auffangen (Schlag) *batira*, — (Gegenstand) *anka*
aufgehen (Türe) *fuguka*, — (Verband) *banduka*, — (Sonne) *lawa, chia*, — (Saat) *mera*
aufgraben *fukulla*
aufhalten, sich *kawa, ikaala*
aufhängen *sangika*, — (in der Sonne) *anikira*, — (Galgen) *tumbika*
aufhäufen *jerekera*
aufheben *solla*, — (emporheben) *sazulla*, — (Last) *litwika*, — (Kopf, Augen) *galama*
aufhören *leka*
aufhüpfen *dinkha*
aufknüpfen (Knoten) *yopolla*, — (Galgen) *tumbika*
aufladen *mankana*, — (einem eine Last) *tuwika*
auflauern *hepa*
auflegen (Pflaster) *matika*
auflesen *solla*
auflösen *lembuka*
aufmachen = öffnen, — (Tür) *fugulla*, — (Flasche, Kiste) *dinla*, — (entfalten) *sumulla*,

— (Mund) *azama*, — (Augen) *jodolla*
aufmerken (Ohren) *pirikanira*, — (Augen) *lolla nagaka*
aufnehmen (Last) *sazulla*, — (Gast) *ingizia*
aufpicken (von Vögeln) *sontha*
aufregen, sich *tumbala*
aufreißen (Augen und Mund vor Überraschung) *kapa*, — (Wunde) *bandulla*,
aufrichten (Baum) *golozia*, — (Stein) *gandulla*, sich — (sich strecken) *ligololla*
aufrollen *biga*, — (Matte) *kussa*, (auseinander) *akazulla*, — (Faden) *njengera*, (Schlange) *liakazulla*
aufrühren (Flüssigkeit) *tipulira*
aufschieben *tulilira*, *kawizia*
aufschließen *fugulla*
aufschrecken *sinduzia* (tr.), — *sinduka* (intr.)
aufschürzen *kussa*, *vuala mpati*
aufschwellen *vimba*
Aufseher *mlollera*
aufsetzen (Mütze) *vuala*, — (Aufsitzen der Vögel) *kangalla*
aufspannen (Haut) *amba*, — (Schirm) *kwindika*, *anga*, — (Bogen) *pindika*
aufspringen (Naht, Feder) *gundumuka*, — (Risse bekommen) *kankaduka*
aufstechen (Geschwür) *tumbula*
aufstehen *goloka*, — (am Morgen) *lirawa*
aufstellen (aufrecht stellen) *golozia*, — (Speer, Baum in die Erde stellen) *chimika*, — (Falle) *tega*
Aufstoßen haben (Schluchzer) *na nankadokolla*, — (Kohlensäure aus dem Magen) *gobolera*
auftauchen *tiera*
auftragen (Speise) *jega*, *tula*, — (Salbe) *paka mgota*, — (Auftrag geben) *tuma*
auftrennen *tololla*
auftreten *bantha*
auftrocknen *pukuta* (tr.), — (trocknen, intr.) *kalagalla*, — (Regen) *oma*
aufwachen *imuka*
aufwärmen (Speise) *pizia*
aufwärts *pampindi*, *kumpindi*, — gehen *kwena*
aufwecken *imsia*
aufweichen (nachlassen) *hogozia*, *hogoya*, intr., — (Wachs, Fett) *lembuka*
aufwickeln *nyenga*
aufwirbeln *kubuga*
aufwühlen *timbulla*
aufzählen *wallanga*
aufziehen (Höhe) *nika*, — (ernähren) *lera*, — (necken) *dabira*
Auge *lisso*, *ma-*, — schließen *gonia*, — aufsperren (plötzlich erwachen) *tumulla*, ein — zudrücken *denya*, Halbstaar im — haben *na luissy*, Augenentzündung haben *masso gaula*, Staar im — haben *na ncheranchera*, einäugig sein *na chissu*, Gerstenkorn im — *na siokessi*, mit den Augen sprechen *nuwina*, Augen schwer vor Schlaf haben *sizirra*, Augenlid umkehren *godolla masso*
Augapfel *chigodigodi*
Augenbraue *ussigi*, —wimpern *nkopi*, —stern *chititu cha lisso*

ausbessern (Kleid) *sona*, — (flicken) *bandika*, — (Haus) *terebulira*
ausbleiben *kawa, kawira*
ausbreiten *golozia*, — (Arme) *maoko*, — (entfalten) *tagambulla*, — (Matte) *tandika uliri*, sich — (vermehren, verbreiten) *agika*
ausbrüten *alamira*
Ausdauer *kangamalla* (verb.)
ausdrücken (Milch, Saft) *kama*, — (Geschwür) *mina*
auseinandergehen *bagukana*, — (zerfallen) *sapukana*
auseinanderreißen *dega*
auseinanderspritzen *taga mballa*
auseinanderstieben *puiringanika*
auseinanderziehen *nuampulla*
ausfallen (Haare) *kungnulika*, — (Zähne) *pukutuka*
ausforschen *nganika*
ausfragen *sindira, kossia*
ausfüllen (Loch) *fintira*
ausgehen *uka*, — (Feuer) *zimika*
ausgießen *itira, lekera nakamu*
ausgleiten *terembuka, tialambuka*
ausproben *jera nagaka*
aushängen (Luft, Sonne) *anikira*
aushalten *kawa*, — (tapfer) *kangamara*
ausharren s. d. Obige.
aushöhlen (Mörser) *angulla*
auskehren *fyagira*
ausklauben *solla*
ausklopfen *koma*
auskratzen (Kochtopf) *angulla*
auskundschaften *lolla*
ausladen *lossia*
ausleeren *itira*
ausleihen *azika*
auslöschen *zima* (tr.), *zimika* (intr.), — (auswischen) *pukuta*
ausnehmen (Honig) *avia*
auspacken *yopolla*
ausplündern *pupa*
ausreißen *tupulla*, — (ausjäten) *ipa*, — (Federn) *pulla*, — (fliehen) *nyegera*
Ausreißer *myegera*
ausreden *malira visoero*
ausruhen *oyera*
ausrupfen *pulla*
Aussatz *viwasso*
aussaugen *femba*
ausscheiden *bagulla*
ausschimpfen *djamulla*
Ausschlag (Krätze) *lusago*, — (Buba) *ipangalla*, — (Hautflecken) *ebuni*
ausschlagen (Huf) *dokolla*, — (Knospe) *buma*
ausschütteln *sindira, sindirira, puntha*
ausschütten *itira, itirira*
ausschwenken (Gefäß) *gulugusia*
außen (weiter) *kuza*, — (nahe) *paza pa-*
äußerst (lok.) *kuntengu*
aussöhnen (z. Vergleich bringen) *chinnizia* (tr.), — (sich gegenseitig) *chinnana*, — (Abbitte leisten) *pepezia*
ausspannen *kwindika*, — (Haut) *amba*, — (Arme) *golozia*
ausspotten *igira, igiranga*
aussprechen *kamazia*
ausspreitzen (Beine) *tagamballa*
ausspucken *tema mate*
ausspülen *fukusulla*, — (Mund) *ndomo*, — (Fluß) *zimbulanga*
ausstellen (ausweichen) *lisega*

ausstrecken *tambazia*, sich — *ligololla*
ausstreuen *muaga*
aussuchen *siagulla*
austauschen *lihomba*
austeilen *gawa*, *gawanga*, brechen u. — *mega*, — (an einen verteilen) *megera*
austreiben (Vieh) *lawia*, — (vertreiben) *winga*
austreten *nia*, *dasi*, *tunda*
auswaschen *gululla*
auswählen (Sachen) *siagulla*, — (Menschen) *bagulla*
auswandern *hama*
auswinden *kama*
ausweichen (der Mutter, s. Frau) *pumba*
ausweiden *kwafulla*
auswerfen *muaga*, *ita*, *itanga*
auswischen *pukuta*
Auswurf (Mund) *chikolollo*
ausziehen (auseinander) *nuampulla*, — (Kleid) *vula*, — (Zahn) *tupulla*, — (Faden) *akazulla*
Axt *liwago*, *ma-*, Schneide der — *uge gwa liwago*

# B.

Bach *luchemba*
Backe *lusaya*, Hinterbacke *litako*
Backenknochen *lukanya*
baden *oga*, *ozia* (tr.)
Bahre *lindangadanga*
Bakschisch *pa hera*
bald (des 1. Futurs) *za*, *zamba*
bald – bald *hangu* – *kawira* – *hangu*
Balken *ligogo*, Quer- und Längsbalken *lukongho*
Bambus *ludenke*, *mi-*,
Banane (eßbar) *nkou*, pl. *zinkou*, — (wild) *lirimbiri*, Blätter der — *mikou*
Band (Bast) *lugoi*, — (Baumwolle) *lubundhu*
Barasa *mgendegende*
Barmherzigkeit *lusungu*
Bart *lulefu*
Base (mütterlicher- und väterlicherseits) *mao*
Bast *lugoi*
Bastkorb *linkungnullu*
Batate *liombo*, *mi-*
Bauch *mtima*, auf dem — liegen *gonja funa*
bauen *jenga*
Baum *muti*, *mtera*, — (klein) *chibiki*
Bäumchen *chiputi*
Baumarten: a) mit genießbaren Früchten: *matongatonga*, *linkombi*, *pilipizi*, *ningininigi*, *sambia*, *mpioli*, *maviru*, *madaki*, *mkuyu*, *vimboli*, *mafungua*, *vitogolli*, *mambucgere*, *maya*, *madugudugu*; b) mit ungenießbaren: *migugu*, *mankullukullu*, *sugusugu*, *mapukuyi*; c) Dornbäume: *lusugusugu*, *lusuampalla*, *lukonkasali*, *luezia*, *lupingu*, *mtalulla*, *mtungulagoma*, *mkangalakaza*, *chisega*
Baumharz *enongkonongko*, — (Vogelleim) *unkombi*
Baumschliefer *mpimbi*
Baumstumpf *chibiki*
Baumwolle *ubundhu*

Baumwanze *chikolla nyu*
bearbeiten (Holz) *songolla*, — (schnitzen) *nyawa*
beabsichtigen *windika*
beauftragen *tuma*, *lagira*
beben *tetema*
Beben der Erde *chihigahiga*
Becher (Kürbis) *lutekero*, — (Bastkorb) *chikoma*, *luindi*
Becken, Beckenknochen *effugi*
bedecken *gubika*, sich — *ligubika*
bedeuten, mit *kwana*; dies bedeutet Unglück *chindu achi china ulombo*
Bedeutung *ntambu*
bedienen *tumikira*
bedrängen (in einen dringen) *ngnanika*
bedrohen *ogofia*
bedrücken *ngnanika*
beeilen *tugizia*, sich — *litugusia*
beendigen *sirra*
beendigt (zu Ende sein) *pera*
Beet (Saatbeet) *lituhi*
Befehl *mlandu*, pl. *mirandu*
befehlen *tuma*, *pa mirandu*
befestigen *komera*
beflecken *doda*, *dodizia*
befragen *kossia*
befreien *ponia*
befriedigen *nemezia*
befriedigt sein *nemerera*
begegnen, sich *lizinkana*, *kongana*, *liona*
begehren *fira*
Begierde nach *chao cha-*
Beginn *kwanjira*
beginnen *anja*
begleiten *sindika*
Begleiter (Ehrengeleite) *mtemba*
begraben (Sache) *fintira*, — (Mensch) *bawira*, *tandula*
begrüßen *lamsia*
Begrüßungsform *hauchi-hauchi! mui-i!*
behandeln (ärztlich) *tereka mgota*
behauen *songolla*
beherbergen *ingizia*
behüten *lindira*, *lollera*
bei *pa*, *pere*
beide *wawili*, *wosere*
Beil *liwago*
Bein (Oberschenkel) *liondo*, *lipadja*, — (Unterschenkel) *lukonokono*
beinahe = durch *piakata*, — verfehlen, entrinnen *sumkua* (*piakata mere mgombi*; *sumkua mere mpatukiri maji*)
beisammen *pamuhera*, nahe — *ndiindii*.
beiseite rufen *chema kuninita*
beißen *luma*
beistehen *tanga*, — (einem) *tangira*
bejahrt *toka*, *mtua*
bekannt sein *maana*, *maanikana*
bekennen *fumbula*, *jimira*
bekleiden, sich *vuala*, — (einen) *vualizia*
bekommen *anka*, — (wieder) *bata*
beladen *mankana*
belagern *heperera*
beleidigen *daba*, *dabira*
beleuchten *mirika*
bellen *boota*
belohnen *pa ubaharia*
bemächtigen, sich *bata*, — (mit Gewalt) *pooka*
bemühen, sich *kangamara*
benachrichtigen *jega visoero*, *pa visoero*
beneiden *ona ndigi*, *na ndigi*

beobachten *lolla uhere*
beohrfeigen *pa baandi*
beraten, sich *siumba mirandu, visoero*
Beratung *kusiumba mirandu*
berauben *pooka*
berauschen, sich mit *nua, gumkolla ujimbi*
bereden *sugira*
bereiten *nyawa*
bereits *kaala*
bereit sein, stehen *soka kaala*
bereuen *oya, oyera*
Berg *lugongo, ma,* — (Hügel) *lukweno, machigongo*
bersten *panthika*
berühren *kolla*
beruhigen (Streitende) *batira, higa,* (Trauernde) *ziangazianga,* — (Kind) *nyamazia*
beruhigen, sich *lihiga*
besänftigen *higa, pepezia,* — (Geister) *pepezia mahoka*
beschädigen *ananga, poteka,* beschädigt werden *anangika*
beschäftigen, sich *tenda vichuka*
beschenken *pa hera*
beschimpfen *dabira*
beschleunigen *tugizia*
beschmutzen *doda, dodizia, gwananga*
beschneiden *dumula*
Beschneidung, fand bis jetzt bei den Wapogoro nicht statt
beschützen *lollera, hepera*
beschuldigen *nenera,* — (fälschlich) *nenera hera*
beschwindeln *zianga*
Besen *lufyagiri*
besiegen *kankalla*
besinnen *liholla*
Besitzer *muene*
besitzend *muene*
Besorgnis *lioga*
besorgt sein *liholla, ona lioga*
besprechen, sich *siumba mirandu*
besprengen *miaga*
bessern, sich (mor.) *galulira, galulirira,* — (genesen) *amba kambaka*
besten halten, zum *sozia, sonyia*
bestätigen *jimira, jimirira*
besteigen *kwena*
bestreichen *paka, pakira*
bestrafen *ziatanga*
besuchen *lolla*
betäuben *azia mahalla*
betrachten *lolla*
betrauern *lira* (*chivembo*)
betrinken, sich *lingnanganika,* betrunken machen *nganganika*
betrüben *hollizia,* — (sich) *li holla*
betrügen *balla*
Betrüger *mballa*
betteln *lua*
Bettstelle *esaga,* — (Schlafmatte) *uliri*
beugen, sich *ngongonalla,* — (Knie) *suntumalla, ngongonazia* (trans.)
Beule *chidugudugu*
beunruhigen *ogobezia*
Beute machen *pupa*
Beute *mapupa*
bevor *huti*
bewachen *lollera*
bewerfen (Lehm) *kandika*
bewundern *likangacha*
bewußtlos werden *azia mahalla, agamira mahalla*
bezahlen *lipa, hazia*
bezaubern *loga,* — (einen) *logerera*
bezeichnen *maanikira*

bezeugen *jimira, jimirira*
bezweifeln *bera*
biegen *dondomazia*
biegsam sein *dondomalla*
Biene *njuki*
Bienenstock *lukosse*
Bienenstachel *lussontho lua njuki*
Bier *ujimbi*, —satz *misiza*, —brauen *enga ujimbi*. Gären des Bieres *saza*
Bild *kujera*
bilden *umba*
billig *nanaga, nanama*
billigen (Sache) *zuga, jimira*
Binde (Bandage) *lufunga*
binden *yopa, tauwa*, — (Hände auf den Rücken) *taga ngoi*
bis *mpaka*, besser mit *hepa* oder 1. Konjunktiv und *huti*
Bissen *ntongi* oder Verkleinerungsform mit *ka, tu*
bitten *lua*, (für einen —) *luwira*, — (eindringlich) Imperativ u. *chonde*, — (um Erlaubnis) *kossia*
bitter *kalipa*
Blase (Haut) *lirengerezi*, — Harn— *chitundiro*
Blasebalg *mhako gwa kuponda* — (treiben) *putira*
blasen (Speise) *pulira*, auf— *buendulla*, — (Instrument) *gomba*, — (Horn) *chipalapi*
Blatt *luhamba, mi-*, (Blätter auf dem Wasserkrug) *miviko*, (Blätter auf den Wasserkrug legen) *ika miviko*, (abgefallene Blätter) *miragalla*
Blattern *mgönda*
blau (schwarz) *titu*
Blei (—kugel) *chipolopolo*
bleiben *ikaala, kawa*
blenden *tama, tenda* (*sc. mjenje*)
blind sein *na ulii, na luizi*
blind werden *tosoka*, (fast — sein) *zamba kusotoka*
blinken *ngñanukangñanuka*
blinzeln *kopakopa*
Blitz *lumeta, meta*
blitzen *meta*, es blitzt *kameta*
blöd sein *hera mahalla*, — werden *pera mahalla*
blöken *bobotera*
bloß *hera*, — (nur) *lá*, — (nackt) *na chifula*
blühen *buma*
Blüte *ungallagalla*
Blut *muazi*
Blutsfreundschaft *tema ussali*
bluten *lawa muazi*, (—machen) *tenengka*
Bock *mpongo*
Boden *pazi*, (— legen, stampfen) *twangira*
Bogen *upindi*, — spannen *nika*, —sehne *lungi*
Bohnenarten: *ndogi, zi*, (groß) *mpangi*, (gelb) *mpungullu*, (klein) *nandalla*, (Shiroko) *mpoesu*
bohren (stechen) *donolla*, — — (drehen) *pekeza*
Boot *uato*, pl. *mato*
borgen *lihomba*
Borkenkäfer *chombi*, pl. *wavi-*
böse *komu*
Bosheit *ukomu*
Bote *mpereka luhamba*
Botschaft *visoero, mirandu*
Brand *moto*
braten (Fleisch) *kalanga*, — (Kartoffeln) *ochia*
Brauch, Sitte *ntambu*
brauchen (verwenden) *tumira*
brausen (auf—) *tutumuka*, — (Pombe) *saza*, — (Fluß) *vuma*

brav, braver Mensch *na nama, na naga, herepa (gaherepa), here (mundu muhere)*
brechen (feste Dinge) *pantha,* — (gebrochen) *panthika,* — (Brot) *mega,* — (Stein) *pantha,* — (Auge) *fua,* sich er — *deka,* — (Stimme) *guluka, rala*
Brechreiz haben *hirahira* (sc. *mtima*)
Brei *ubaga,* — (von gestern) *mapolo*
Breite *ukamba*
Bremse (grau) *eugu,* — (gelb) *chipanga*
brennen (Feuer) *nunguzia* trans., — (einen an—) *lungalla,* sich — *lilunguzia,* — (etwas) *chuga,* — (Feuer) *aka* intrans.
Brennholz (gespaltenes) *mbao,* — (Reisig) *ngodi, tugodi*
Brett *ebalibali, ekokolla*
Brief *luhamba, barua* (*kis.*)
bringen *jega, jegera*
brodeln *semuka, hemuka, puata*
Bronchitis *effukuntha*
Brot *maanda, zi-*
Bruder (auch Schwester) *mhacha,* pl. *wahacha,* mein — *mhachangu,* dein — *mhachago,* sein — *mhachague,* unser — *mhachagwetu,* euer — *mhachagwenu,* ihr — *mhachagwao; wahacha* sind nur die Geschwister der gleichen Mutter und des gleichen Vaters, 1. Grad der Verwandtschaft; *muipuangu,* pl. *wepuangu* = Geschwisterkinder oder 2. Grad der Verwandtschaft (Onkel *mama*); *muisukullu,* pl. *wesukullu* Kindeskinder oder 3. Grad der Verwandtschaft; älterer, älteste *mkullu*
Brücke *eroko*
Brühe (Fleisch) *muhuja*
brüllen (Rind) *dama,* — (Löwe) *ngnulla,* — (Leopard) *kuntha*
brüten *alamira,* — (über etwas nachdenken) *liholla*
Brunnen (Wasserloch) *enegu,* — (Quelle) *chissullu*
Brunst, in — sein *lomba*
Brust *chifua*
Brüste *mawele*
brüsten, sich *likwissa*
Buba *ebangalla*
Buch *chitabu*
Buckel *chigongo*
buckelig sein *na chigongo*
Büffel *nyati, mbogo*
Bund s. Vertrag
Bündel *chifungi, sankha*
bunt sein *na malembo*
Bürste *lufyagiri*
Busch *usumbati*
Buschbohnen *mawiwi*
Büschel (Gras) *mulimpemba*
Buschmesser *henga, zi-*
Buschbock *mbawala*

# D.

Da *apa, palapa, pano, palapano* 1. ich bin — *napano,* du bist — *gwapano,* er ist — *gapano,* wir sind — *twapano,* ihr seid — *muapano,* sie sind — *wapano;* 2. ich bin — *nikaalapano* usw., ich war — *kaala nikaalapano* usw., ich werde — sein *zakaalapano* usw.
da unten *pazikapa*

Dach *chipagalla*, oberster Grasbüschel *chinchonga*
Dachsparren *pagaliro*
daheim *ukaya, pakaya*, bei mir — *ukaya gwangu*, bei dir — *ukaya gwako*, bei ihm — *ukaya gwakue* usw. oder *pakaya pangu, pako, pakue, petu, penu, pao*
damit durch 1. Konjunktiv zu geben, nicht mit *na-* und Indikativ, z. B. — sich die Leute nicht anstoßen *na-walikwalla wandu*
Dämmerung (Morgen) *kulangalla*
dämmern *langalla*, es dämmert *ka-*, (Morgen) — (Abend) *uliagani inalla*
Dampf *mvuke*
dampfen *tuma mvuke*
danken, Dankesformel: 1. *Ina bam!* 2. *lussungu luako!* 3. *ina bam, lussungu luako gamuene!* 4. *ina bam, tati gwe!*
dann *huti* — *guuye*, z. B. *huti gutende achi, guuye gutende chilia!*
Darm (Eingeweide) *utumbo, vyamunda*, — (Dickdarm) *chisseke*, — (Mastdarm) *lukutu*
darreichen *jegera*
daß *gamba, gambira*
Daumen *ligumba*
davonlaufen *tira, tirira*
dazwischentreten (vermitteln) *lamulla*
Deckel *chigubiko*
decken (Dach) *tima*, — (umhüllen, zudecken) *gubika*, — (Begattung) *lomba*
dein *ko*
denken *holla, liholla*
denn (weil) *tozia*, — (doch) *su!* gut — *sui hangu!*
dennoch *maani*
deutlich *uhere*, — sprechen *takula uhere*, — machen *gambira uhere*
Diarrhöe *pucka, pita*
dick sein (lebenden Wesen) *nenepa*, — (fett sein vom Fleische) *nona*, — (leblos. u. lebenden Wesen) *hapa*
Dickicht *chigonera*
Dieb *mkewa, iwa*, — (Räuber) *libankha*
dienen *tumikira*
Diener *msenga*
dieser *ayu* 1. Klasse
diesmal *lero*
Ding *chindu*
doch! *su!*
Donner *magugumo*, (—krach) *mpantha*
donnern *guguma*, es donnert *ka-*
Dorf *ukaya, kaya, pakaya*
Dorn *lusontho, mi-*, — (lang, weiß) *misuampalla*, — (krumm) *mikwankazalli*, — (kurz) *misusugu, mikangallakaza*
dort (in der Nähe) *apa*, — (etwas ferne) *ako*, — (weit) *palia, paliï*
Dose, Schnupfdose (Bambus) *chihera*, — (Kürbis) *chisenkesenke*, — (Patronenhülse) *chitetereka*
Dotter *chirigirigi*
drängen (stoßen) *libabanika*, — (antreiben) *tugizia*
Draht (dünner) *lunami, unami*, (dicker) *chitindi*
draußen *kussa, kunja, panja*
drehen (Faden) *pieza*

drei *tatu*
drinnen *mkati, munumba*
dritte *gwa katatu*
droben *pampindi, kumpindi*
drohen (Furcht einjagen) *kogobezia,* — (mit dem Finger) *langulira challa*
drücken *onera*
drunten *pazi*
Drüsen (Leisten) *ntoki,* pl. *wantoki*
du *gwenga, gu-*
dumm *mpati,* du bist dumm *gwenga gwa mpati*
Dummheit *upati*
Dung, Dünger *mbolera*
dünn (Faden) *dididi, nanganangа*
dunkel (schwarz) *titu,* — werden *guzinguzi*
Dunkelheit *chissy*
durch *na, kwa,* — (örtlich) *pakati pa*
durchaus *nagaka,* — (ganz fertig, aus) *lálle*
durchbohren *fossa,* — (Ohr) *donolla,* — (drehen) *pekeza,* — (Speer) *soma, somanga*
Durchfall haben *pueka, pita*
durchprügeln *komanga,* — (einander) *litutanga, komana*
durchregnen (Dach) *suma, twema*
durchseihen *kungnunta*
Durchschlupf (für Hühner und Katzen) *mpegu,* — gestatten *leka mpegu*
durchsickern *jemeka*
durchwaten *gubuga*
Durchzug *lukongho*
Durst *chao*
dürsten *ona chao*

# E.

eben machen *iringanira* — sein *lingana*
Ebene *pakaya palingana, yissi*
eben (soeben) *winno*
ebenderselbe *ayuayu, ulianlia* oder *ayu nagaka, ulia nagaka*
ebenso *vilawi, vilawivilawi*
Ebenholz *mpingo*
Eber, wilde (Männchen) *nkumbi,* — (Weibchen) *nchinda*
Ecke des Hauses (innen und außen) *pazisoko, pachikunkallu*
eckig sein *babatalla*
Ehe, Eheschließung *kuheta, maheto*
ehebrechen (ein- oder mehrmals) *humba,* — (ganz, Eheteil widerrechtlich verlassen) *lipoota* (beides sowohl vom Manne als vom Weibe gebraucht)
ehelichen, sich (vom Manne) *heta,* — (vom Weibe) *genda kwa mpallu* = zum Manne gehen
eheliche Treue brechen wollen *bintha,* — zu brechen veranlassen, vergewaltigen *humbanga*
ehemals (schon sehr lange) *kaala, makachu*
Eheweib *ndalla,* erstes Weib *nahota,* Kebsweiber, Nebenfrauen *chipali*
ehren *kwissa, lamsia*
Ehrgefühl *zoni*

Ei *ligi, magi*
Eier legen *tagira*
Eier (viel — legen) *erekela,* — faulen *olla,* — angebrütet sein *na nuoana*
Eidotter *chirigirigi*
Eiweiß *luero lua ligi*
Eierschale *chikomphi*
Eichhörnchen (gestreift) *lumbulubulu,* – (zügelstrich) *chikui*
Eid leisten *apa, lirapa*
Eidesformel (bei seiner oder seinem Verwandten eines anderen Geschlechtes) *muku*[1]) N. N.!
Eidechse (rot) *chigoli,* — (schwarz) *chitumu,* — (rot) *chibolo cha mioka,* — (Riesen-eidechse) *egondo*
eifrig sein *lingnanika*
Eifersucht *muhiro*
eifersüchtig sein *hira, ona muhiro*
eigensinnig sein *na fuirapa, na msindu*
Eigentum *chuma*
Eigentümer *muene*
Eilbote *msenga*
eilen *ambuka*
eilends *karakalla*
Eimer *vulo*
ein *mo,* — Mensch *mundu yumo, mundo gumo, mundu gumu,* irgend einer *igani,* pl. *wegani, yumohera*
einäugig sein *na chissu*
einatmen *kwega mfuki,* (aus—) *pumulla*
Einbaum *wato,* pl. *mato*
einernten *peta*
einfach *kamo, kamu, kam*
einfädeln *tunga*
einfallen (Hütte) *gua,* — (sich erinnern) *kumbukira*
Eingang *mulyango,* pl. *miyango*
eingeben (flüssiges) *chinga*
eingestehen *jimirira*
Eingeweide *vyamunda*
eingießen *itira, tekera*
eingraben *fintira, bawira*
einhauen (Bambus, Baum) *sanga*
einige *yumoyumo*
einig sein (im Frieden sein) *lifirana*
einander helfen *tangana*
einladen (Sachen) *mankana,* — (Gast) *chema, chemerera, ingizia*
Einlaß, um — bitten *fuguzia, fugulira*
einmal *kala kamu,* noch — *kala kawili*
einmünden (Fluß) *kongana,* — *onana*
einreiben *chiriga, lipulupa, paka*
einreißen *bomola, magulla*
einrichten (ordnen) *nyawa*
einsalben *chiriga*
einsam sein *ikaala kweke hera*
Einsamkeit *panu papoota*
einsäumen (Kleid) *funtha*
einschenken *itira, lekera*
einschärfen *kamazia nagaka*
einschlafen *sizira*
einschlagen (Nagel) *komera,* — (Weg) *genda njira*
einschließen (zusperren) *tatira,* — (umzingeln) *zieta*
einschneiden *kereta*
Einschnitt in der Haut (Schnittnarbe) *nembo,* — (Stammesabzeichen) *nembo zi kumaanikira*

[1]) Die Bedeutung von *muku* konnten wir absolut nicht ermitteln.

einschrumpfen *nyalla*
einschüchtern *ogofia*
einsehen *vimaana*
einsetzen (Amt, Würde) *pa utua*
einsinken *pokera*
einstecken (in die Tasche) *lekera*
einstürzen *bomoka, gua*
eintauchen (Reis in Sauce) *chintha*, — (Finger ins Wasser) *joba*
eintauschen *messiana*
eintreiben (Schuld) *chonga*
eintreten *ingira*
einweichen *loweka*
einwickeln *yopa, vunga*
einwilligen *jimira*
einzeln *yumo yumo*
Eisen *chuma*, ausgeschmolzenes Eisen *chidumu*
Eiter *ufirra*
Eiweiß *luero lua ligi*
Ekel empfinden *ona usso*
Elefant *ntembo*
Elenantilope *mpungo*
elf *chumi pampindi limo*
Elfenbein *ntembo*
Ellbogen *hundu, chissokunu*
Elle *mkono*
Eltern (meine) *waniuliti*
empfangen *anka*, — (schwanger werden) *na luingizi*
empfinden *ona*
empören, sich *na ukali*
empor *pampindi, kumpindi*
Ende (am, an das, endlich, zuletzt) *kuntengu*, zu — sein (von der Sache, alle sein) *pera*, — (Arbeit) *marilika*, — (von der Person, fertig sein) *sirra, malira*
eng *dididi*
Engel *malaika* (*kisw.*)
Enkel *muisukullu*, pl. *we-sukullu*
entbehren *hera*
Ente *ewata*
entfalten *kuzulla*
entfernen *ussia, ussirira*, (sich) — *genda*
entfernt *kutari*
entfliehen *tira, tirira*
entgegengehen *lisinkana, kongana*
entgehen (Gefahr) *ponukua*
Entgelt *ubaharia*
enthalten, sich *leka, lema*
enthülsen (durch Stoßen) *kua*, — (Deckblätter abreißen) *dawa*
entlaufen *tira*
entrinnen *ponukua*
entscheiden *dumulira mirandu*
entschlüpfen *poota*
entschuldigen *ponia*, sich — *liponia*
entwöhnen *dumzia*
entzaubern *dundulla*
Epilepsie *chihazi, chizirika*, — haben *na chihazi*
er (tonlos 1. Kl.) *ga-*, (betont 1. Kl.) *ayu*
erbarmen, sich *lilira lussungu, ona lussunga*
Erbarmen *lussungu*
Erbe (der) *mhazia*, — (das) *chihazi*, — (das ererbte Weib) *muhazi*
erben *hazia*
erbeuten *pupa*
erbitten *daira, luwira*
erbittern *taga maya*
erblinden *tosoka masso*
erbrechen, sich *deka*
Erdbeben *chihigahiga*
Erdbohne *mpalassi*

Erde (Erdkörper) *mlima, kalima,* — (schwarze Erde, Humus) *issy,* — (rote Erde, Laterit) *ludapaka* (sandige, leichte Erde) *muhanga*

Erdferkel *namkwantha*

Erdnuß *lirawi. ma-,* — ernten *pala*

Erdwall (Saatbeet) *etuhe, litui*

erdulden (leiden) *na manyanya*

ereifern, sich (mit Worten) *na ntakula,* — (in Zorn geraten) *tumballa*

erfassen *bata,* — (geistig) *kumbukira, vimaana*

erfreuen *nemezia,* — (sich ergötzen) *linemezia*

erfüllen (anfüllen) *memezia*

ergeben, sich (im Kriege) *ponga*

erhalten (eine Eigenschaft ererben) *anka, tola*

erheben (Boden) *inuka,* — (in die Höhe [Stimme]) *kwenia,* — (in die Höhe [Hände]) *sasulla,* — (das Haupt) *galama,* — (sich) *goloka,* — (sich) empören *na ukali*

erinnern (einen) *kumbuzia* — (sich) *kumbukira*

erkältet sein (frieren) *pima, guga*

erkennen *maana*

erkennbar sein *maanika,* unkenntlich sein *maanika ndiri*

erklären *funda, maanizia, simulira*

erkranken *luala*

erlauben *tuma*

Erlaubnis *kutuma,* — (bitten) *kossia*

erleuchten *wala*

erlöschen *zimika*

erlösen *kombola,* — (Sklaverei) *ponia*

Erlöser *mponia*

ermahnen — (in Güte) *ziangazianga,* — (rügen) *jodokera,* — (mit Tadel) *sindika*

ermatten *hogozia na maaka,* — (unter der Last) *beneka,* — (schwach werden) *na ulere*

ermorden (allg.) *laga, iraga,* — (abschlachten) *sinja*

ermüden *toka* (intr.) *tossia* (tr.)

ermuntern *ziangazianga*

ernähren *lera,* — (nähren, zu Essen geben) *fiota*

ernennen *pa utua. pa unyampara*

Ernte *kupeta*

ernten (Mtama schneiden) *peta,* — (Erdnüsse, Erdbohnen abernten) *palla,* — (Mais) *benanga,* — (Kartoffel) *bawa,* — (allgemein) *gungulla*

erpressen *ogofia*

erproben (versuchen, Sache) *gazia,* — (Getränke, Speise) *laulira*

erreichen *fikira. bata* — (ankommen) *fika, soka*

erretten *ponia*

errichten = aufrichten

erschaffen *umba*

erscheinen *lawira*

erschießen *gomba huti*

erschlagen *koma gafue*

erschrecken *sinduka* (intr.) *sinduzia* (tr.)

ersetzen (Schaden) *lipa, uzia*

erstaunen *likangacha*

erste { *ga longuliti* / *ga longolla* / *mtasi* (zeitl.) / *ga kwanja* }

erstechen *soma, somanga,* — (sich) *lisoma*

Erstgeborene *muana gwa wali.* Letztgeborene *muiperu*

ersticken (würgen) *doza*
Erstling (Früchte) *muganga, wa-*
ertappen (Dieb) *koleva*
ertragen *manyanya,* — (tapfer) *kangamalla*
ertrinken *mirua*
erwachen *imuka,* — *tumulla*
erwachsen (Jüngling) *muntemba,* — (Jungfrau) *muali*
erwählen *bagulla*
erwarten *hepa*
erwecken = aufwecken
erwischen *bata*
erwürgen *dozia*
erzählen *daula ndao, simulira ndao*
Erzählung *ndao*
erzeugen (vom Mann wie vom Weibe gebraucht) *iula*
erziehen (aufziehen) *lera,* — (unterrichten) *funda*
erzürnen *tumbala* (intr.) *taga maya* (tr.)
Esel *mpunda*
essen (satt essen) *lia,* — (etwas essen) *laulira*
etwas *chindu, padididi pa,* — und Präfix *ka, tu*
etwa *maani*
euer *enu*
Eule *eundi, pl. wamaundi*
Euter *mawele*
ewig *mlemero*
Exkremente *chickutu, lupueko*

# F.

Fackel *limpemba*
Faden *lubundhu,* — spinnen *guma lubundhu,* — *tipa lubundhu*
fächeln *pukira,* — (sich zufächeln) *lipukira*
Färse (weibl.) *njinda,* — (männl.) *chipongo*
Fahne *bendera*
Falle *lutegu*
fallen *gua,* — (ins Wasser) *patukira,* — (fallen lassen) *guizia*
falls (wenn, falls daß) *hangu, guoni*
fällen *tema*
Fallgrube *lingiro*
falsch sein *na videta, mbala*
Falte *likukoniro*
falten *kussa, uzirira,* — (zusammenfalten) *biga*
Familie *ulongo*
fangen (Hand) *bata,* — (Falle) *tega,* — (Fische) *loa*
fassen *bata*
fasten *leka viboga*
faul (träge) *puere,* — sein *ona upuere, na upuere*
faulen *olla,* faule, schlechte Eier *magi gaolla*
Faust *chifuriji,* — machen *fumbatira*
fechten *komana*
Feder *cha kwandikira*
Federbusch *umpunga*
Feder (Vogel) *lubahira, ma, mbaha, mi*
fegen (reiben) *kuta,* — (kehren) *fyagira*
fehlen (Ziel) *gomba pampegu, iza ndiri, ikaalapa ndiri,* — *tozia* (moral.)
Feigling *na lioga*
Feile *tupa*
feilschen *likakatalla*
fein *dididi,* — (zart sein v. d. Haut) *terebakira*

feind sein *hira*, — (persönlich) *hirira*
Feindschaft *muhiro*
Feld *mgunda*
Feldmaus *kadwiro, beya, kapingi*
Fell *mpapha*
Felsen *upalla, nkwafi*
Fensteröffnung *chiwango*
fern *kutari*
fernhalten *chigira, chigirira*
Ferse *chisokuno*
fertig machen *malira, malirira*, — (werden, sein [Sache]) *malirika*, — sein (Person) *sirra*
fest (haltbar) *kamalla*
festbinden *taga lugoi*
festhalten *kollera nagaka* (tr.), — *kamalla* (intr.)
Festmahl *lutangi*
Festtag *lissiku likullu*
Festung *li-, eboma*, — (befestigter Ort der Eingeorenen) *ekomi*
Fett *mafuta*
fett werden (leb. Wesen) *nenepa* (viel Fett haben vom toten Fleische) *nuna*
Fettbuckel (Rind) *chongo*
feucht sein *loa, roa*
Feuer *moto*, — machen (reiben) *tika*, — *pembeka*, — mit Grasbüschel holen *pembekera*, Feuerholz hauen *baula mbao*, Feuerbüschel *mulimpemba lia moto*
Fieber *na epepo*
finden *tumba, kwira*
Finger *challa, pl. vyalla*, kleine *chana nongki*, — *chana mperu*, Daumen *ligumba*, Fingernagel *lukonji*, mit den Fingern schnalzen *dupa*, — krachen machen *gobolla challa*, Krachen des Fingers *lira*

finster *titu, chissy*, — werden *tita*
Finsternis *chissy, kutita*
Fisch *somba, pl. wa-*, Fischgräte *lusontho lua somba, lukati, pl. mi-*, Fischflosse *ndeperepe*, Fischbart *ndewu*, Fischkiemen *malankalanka*, Fischschwanz *msepe*. Fischschuppen *mikalakatu*, Fischrogen *makanga*, Fischköder *chambo*, Fischfalle *mugnonyo*, Fischbetäubungsgift *mtutu gwa kolla*, Fisch mit Fischgift fangen *komera mtutu*. betäubt vom Gift *gamkolla mtutu*, — ausnehmen *tumbulla*, — trocknen *anikira somba*, — rösten *kalangira*, — mit der Falle fangen *tega somba*, — angeln *loa, lopolla*
Fischer *mloa*
Fischotter *nakafusi, nakatumba*
flach sein *terewalla*
Flamme *lirimi lia moto*
Flasche *chikozi, muangu*
flattern *pukira, pukirira*, —, (Flügeln) *papata*, — (Fledermaus, Fisch) *tiera*, (Fahne) *puta*
flechten (Korb) *luka, senga*, — (Seil) *pota lugoi*
Fleck (Schmutzfleck) *padoda*, — (zum Flicken) *mbandika*, — (Flecken in der Haut) *luifu*
Fledermaus *kaputiputi*
flehen (Gabe) *lua nagaka*, — (Gnade) *dedeka*
Fleisch *nyama*, Fleischstück *chitongi cha nyama*, Fleisch klopfen *sasantha*, wildes — (Wunde) *enyankanyanka*
Fleischbrühe *mhudji*

fleißig *mkankalla*
flicken (Kleid Fleck aufnähen) *bandika*, — *sona* (allg.)
Fliege (Stubenfliege) *chinkozi*
fliegen *guluka*
fliehen (Furcht) *tira*, *tirira*, (ausreißen) *nyegera*
Flinte (Hinterlader) *huti gobleni* — (Vorderlader) *huti ya fataki*, (Steinschloß) *huti ya maganga*
fließen (Fluß) *genda*, *tuga*
Flosse *nderepe*
Flöte *lufulengi*
Floh *mpampani*
fluchen *panga*, sich verfluchen *lipanga*
Flucht, in die schlagen *winga*
flüchten *tira*, *tirira*
Flügel *mababatiro*
Flügelgelenk (erstes) *ngombero*
Fluß (kleiner) *luchemba* (großer, Strom) *lueni*
Flußbett *evuma*
Flußpferd *huhu*, *ndomondo*
flüssig werden *lomboka*
flüstern *ninita*
folgen *windikira*, — (gehorchen) *pirikanira*
fordern (Guthaben) *chonga*
Form (Gestalt) *chimubi*
formen *umba*
fortfahren zu tun *tenda majua gosere*
fortgehen *uka*
forschaffen *ussia*
fortschwemmen *kulu!'a*
forttragen *ussia nakamu*
forttreiben *winga*
fortwährend *kolla ejua*, *masiku gosere*
fortwerfen *assa*, *assanga*, *assa nakamu*
Frage *makozio*, *kukozia*
fragen *kozia*
Frau *mdalla*, — (erste) *nahota*, —(Nebenweib)*chipali*,—(alte, Greisin) *ekollo*,
frech *na ebankha*
frech ansehen *lolla ndii*
freigeboren *mwana gwa wandu*
freigebig sein *na manemu*
Freiheit geben (Gefangenen) *yopolera*, *lekera*
freiwillig tun *tenda hera muene*, — *na mahalla*
fremd, Fremder *muhenga*
fressen *lia*
Fresser *na lualia*
Freude *kunemerera*
freuen, sich *nemerera*
Freund *mganja*
Freundschaft *uganja*, *maganja*, — schließen *chinna*
Frieden halten *chinnana*
Friede (Gstz.: Krieg) *dabuhera*, Frieden stiften *higa*
frisch (neu) *ya siai*, — frisch, kühl sein *zima*
fröhlich sein *sekerera*
frommen *lingana*, *linganira* (es frommt, nützt nichts) *linganira ndiri*
Frosch *namanyoma*
Frucht *linkombi*, *ma-*, — (Getreide) *viboga*, — bringen *lera*
früh (morgens) *pamalao hera*
früher *kaala*, *makachu*
frühstücken *laulira*
Fuchs *mbwaua*
fühlen *ona*, leicht anfühlen *swazia*, fest anfühlen *dozia*
führen *longolera*, *jega*
Führer *mlongolera*
füllen *memezia*

Fundament *malindi*
fünf *mohano*
Funke *ssessi*, (*iwalika ssessi*)
funkeln *ngallagnata*
für (anstatt) *pachikumbi pa*, im Verbum mit *ia*, *era*, *ira*
Furcht *lioga*
fürchten, sich *ona lioga*, — machen *ogofia*
furchtsam sein *na lioga*
Furt *pepalu*
Fuß *e-*, *ligullu*, *pl. ma-*, Fußsohle (Menschen) *lusayu*, (Tieren) *chipaga*, Fußrist *chitamba*, — auf etwas setzen *timba ligullu mlamu*
Fußspuren *maluatu*, *maleka*
füttern *pa*

# G.

Gabe (Geschenk) *pa hera*
Gabel (für Verbrecher) *lingongolo*, *likongho*, *lirongi*
gabeln sich (Baum) *tawanyika*, — (Weg) *na maleka*
Gabelpfosten *mpanda*, *mi-*
gackern *tetera*
gähnen *taga muayu*
gähren *saza*
Galle *nyonga*
Gans *ewata*. Gänsemarsch machen *genda ndīīndīi*, *genda lukongho*
ganz *komu*, — *osere*, (*adv.*) *nagaka* — so *hangu ina*
ganz und gar *pīī*, z. B. *titu nagaka pīī*
gar sein (reifen, fertig gekocht) *pia*
gar *adv. nagaka*
Garbe (Getreide) *mavunda*
Garten *mgunda*
Gast *mhenga muhenja*, Gastfreundschaft gebrauchen *lokaloka*
Gaumen *malankalanka*
gebären *ereka*, *iula*, *ponda muana*, geboren werden *iuka*
geben *pa*, einander — *liupana*, — (es gibt) *ikaala*
gebieten *gambira*
Gebirge *gnoongo*
Gebot *visoero*, *mirandu*
gebrauchen (nötig haben) *lilira*, *fira*, — gebraucht (Kleid) *gona*
Gebüsch *upunguti*, *madasi*
Geburt *kuiuka*
Gedanke *luhalla*, *mahalla*
gedankenlos sein (in den Tag hinein träumen) *kapa*
geduldig sein *manyanya*
Gefahr *lioga*
gefährlich *gwa lioga*, — erkrankt sein *luala nagaka*
Gefährte, *mu-yangu* mein — *pl. wayangu*, *muyago*, dein — *pl. wayago*, sein — *muyague*, *pl. wayague*, unser— *muyetu*, *pl. wayetu*, euer — *muyenu*, *pl. wayenu*, ihr — *muyao*, *pl. wayao*
gefallen *agira*
gefärbt sein *na malembo*
gefräßig sein *na lualia*
gefleckt sein *na malembo*
Gegend *mlima*, unbewohnte — *walla*
gegenüber mit *lollana*, *lilolla*

gegenwärtig *winno*
Gegner (persönlicher) *mfira ndiri*
geheim sprechen, — tun *ninita*
Geheimnis anvertrauen *baada*
gehen *genda* ich gehe *gnenda* — (fortgehen) *yaula,* — (mit dem Stocke) *likwekizia,* wie geht es? *gwenga gwa kachinna?* es geht gut *na kachinna*
Gehirn *wongo*
gehören: 1. Durch Genetivus possessivus und Nomen. 2. Durch Genetivus possessivus und Pronomen. 3. Durch Pronomen possessivum
gehorchen *pirikanira*
gehorsam sein *vimaana visoero, pirikanira*
Geier *liembera*
Geige (Rattel) *likwantha*
Geiß *mbuzi ekollo*
Geist *moyo,* Geister der Verstorbenen *mahoka,* den Geistern opfern *tambika mahoka,* Opferschmaus für die Verstorbenen halten *tenda likoa*
Geiz *utamkua*
geizig sein *na utamkua*
gelähmt sein *lemera* sc. *ligullu, lioko*
geläufig sprechen *maana, daha kutakula*
Geld *chuma*
Geleit geben *sindika*
geloben *laga Mlungu chindu*
Gelübde *kulaga Mlungu*
Gemüse *likolo, ekolo*
Gemüt *moyo*
genau so *hangu,* — so ist es *hangu ina*
genesen *kambaka* = 1. Präsens von *baka,* anfangen mit Appetit zu essen, — (von innerlicher Krankheit) *pona,* — (von einer Wunde) = abkühlen *polla,* er genest von der Wunde *chironda chakue chipolla*
Genick *ugozi*
genug sein *liringana, liringanira,* es ist *iringana*
gerade (eben) *liringana, gegetu adv.,* — (Weg) *golokera,* — (machen, Weg) *golozia,* — jetzt *ulawinno*
Geräusch machen (Gras) *viatuka* sc. *ntundu,* Gras rauscht *ntundu iviatuka*
gereizt sein *na luchiro*
gering *dididi*
gerinnen *gama*
Geruch (übler) *manunko, nunka,* — (angenehmer) *manunkiro, nunkira*
Gerüst *litala, likani*
Gesang *sambo,* singen (Tanz) *winna sambo*
Geschäft *chichuku, vichuku*
geschäftig sein *leka upuere*
Geschenk *pa hera*
Geschichte (Erzählung) *ndao pl. zi-,* eine — erzählen *daula ndao,* schlimme, unangenehme Sache *chitamu chikomu*
Geschöpf *chiwumbo*
Geschrei *kuyoayoa*
geschwind *karakalla*
Geschwür (klein) *elengerezi,* — (groß Furunkel) *lipo,* — (kleine, eitrige Bläschen im Gesichte) *ngomi*
Geschwulst *chivimbo*
Gesetz *visoero, mirandu,* — (Befehl) geben *gambira*

Gesicht *cheni, kumasso*
gespannt sein (Seil) *kwindika*
Gespräch führen *yowera*
Gestalt *chiwumbi*
gestalten *umba*
gestern *lichu*
Gestrüpp *usambati*
gesund (heil, ganz) *komu.* — werden *pona*, — machen *ponia*
Getränk *chakunua*
Gewalt *maaka*
gewandt sein *maana, na mahalla*
Gewehr = Flinte
Geweih *magoli*
gewinnen (im Kampf) *poota*
gewiß adv. *nagaka*
Gewohnheit (Sitte) *ntambu*
gewöhnen *zoerera, lizoezia*
Gewürz (Ingwer) *ngao, mbuiga*
Gicht haben *konyokangika*
Giebel *mumgamba*
gießen *itira, lekera*
Gift *ussungu*
giftig *kali, cha ussungu*
Glanz *kugnallagnata, kunyerenyeta*
glänzen *gnalla, njerenyeta*
Glas *chirilolle*
glatt sein *langala*
glätten *langazia, terebulira*
Glatze *lupaza*
glauben *jimira*
gleich *teretera na-*, — groß *mkullu teretera na-*, — alt *vyaka vyakue teretera na-*
gleichen, sich *lifuana*
gleiten *tialambuka, — terembuka*
Glied (Gelenk) *lichero*, — (männl.) *mbolo*
Glocken (Schellchen) *chingengezana*, — (am Fuße) *luimbo, uyoyo*

Glück (ich hatte —) *mahoka gangu*
glücklich sein *nemerera*
Gnade *manemu*
Gott *Mlungu, pl. wamlungu*, (Teufel) Gottesanbeterin *lintu lia mlungu*
Grab *sembe*
Graben (gezogener) *ejema*. — (zwischen Saatbeete) *lukukula*
graben (in die Tiefe —) *zimbulla, — bawa*, — (umgraben, ackern) *lima*, — (erstes Umgraben) *henga*, — (sich hineingraben) *libawira*
Graphit *uno*
Gräte *lusontho, lukati*
Gras *lutundhu, pl. tundhu*
grasen *apira*
Grasstengel *lubiki*
grau *na uvu*
grausam sein *chinnigira*
Greis *mtua nagaka*
Greisin *ekollo nagaka*
Grenze *mpaka*, angrenzen (aneinander grenzen) *pakana*, — festlegen *pakanira*. grenzen *paka*
Griff (Messer) *chifimbo*
Grille (klein) *nchirisi*, (groß, rötlich) *chenyenye*, — (Heimchen) *kamchopeka*
grob (Mensch) *kali*, grobes Mehl *ubaga wa mtema*
Größe *ukullu*
groß *kullu*, — (lang) *tari*
Großmutter *mbuyi*
Großvater *mbuyi*
Grube *irindi, lirindi*, — (Höhle) *mpanga*, Grübchen auf den Wangen *chifionko*, Gruben im Gesicht vor Alter *saiya zigomoka*

grün *tundhu*
Grund (Ursache) *ntambu*, zugrunde gehen *agamizia*
grüßen (einen Höheren) *lamzia*, sich — (Höhere) *lilamzia*
gucken *sungulira*
Gummi *mpira*, Gummiball *mbunji*, Gummisaft *unkombe wa mpira*, feuchter Gummi *mtumbuli*, trockener — *mpira gukallagalla*, Gummi ist elastisch *mpira gunuampuka*, Gummiliane einschneiden *gema mpira*, Gummi wickeln *bulungira mpira*
Gurgel (Speiseröhre) *lukulumiro* — (Adamsapfel) *egollogollo*
Gurke *litanga*, *ma-*
Gürtel (Leder) *lupoma*, *lukoa*
gürten, sich *liopa*
gut (Mensch) *herepa*, — (schön, süß) *na nama*, *na noga*
Gutes erweisen *nemezia*
gütig *na manemu*

# H.

Haar (Menschen) *vuiri*, — (kraus) *na nezio*, — (Tieren) *mibahira*, — rasieren *moga*, — kämmen *lituttulira*, — flechten *pota*, — (knoten u. salben) *na mjegechera*, Haarputz *mjegechera*
haben (Pron. pers.), betontes und unbetontes mit *na*, ich habe *nene na-na*, du hast *gwenga gwana*, er hat *ayu ga-na* usw., nicht haben *hera*, *nene nehera*, *gwenga gwehera*, *ayu gehera* usw., habend *mueni*
Hacke *chuka*
Haken (Pflock zum Aufhängen von Sachen) *chipali*
hacken *bawira*
Hagel *mvula ya mpira*
hageln *mvula ya mpira ka-toa*
Hahn *njogollo*
Hahnenkamm *chirimba*
halb *egaza* (1 ½ *yimo na egaza*, oder *yimo negaza*)
Hälfte *egaza*,
Halm *mada*
Hals *singo*, dem Huhn den umdrehen *nyonga nkuku*, Halsweh haben *-na vironda kunkullu*, Halsschmuck *usanga*
halten (festhalten) *bata*, *kolera*, unterm Arm etwas *fiata*, für etwas *holla*, unterhalten *onga*, halt! *guhepe!*
Hammer *ngungullo*
Hand *lioko pl. ma-*, rechte —, rechts *lioko lia kulia*, linke —, links *lioko lia kumchigi* Hände schütteln *nikana*, handvoll *eoko vendende*, Handfläche *chigaza*, Hand- und Armgelenk *pamalumbu*, *paubenekeru*, Handspanne *chipindi*, *vi-*
Handel *ukopi*
handeln *kopera*
Handgriff (Messer) *chifimbo*
Handhabe *chakubatia*
Handwerker *fundi*
Hanf *mayoyo*
hängen (an den Nagel) *sangika*, — (Luft, Sonne) *anikira*, — (Galgen) *tumbika*

harnen *tunda, kwcza,* Bedürfnis zu — *na ukwezo,* Harnblase *likwezero, chitundiro*
hart (fest) *kamalla* (adj.), — (schwer) *sotopa* (adj.), — (fest) werden, sein *kamalla* (verb.)
harnäckig sein *kamalla, na fuirapa, na msindu*
Harz (Vogelleim) *unkombe*
Hase *sungulla*
Haß *muhiro*
hassen (mit Haß verfolgen) *ona muhiro, zira*
häßlich sein *taga uso*
hauchen *pulira*
Haue (hölz. Feldhaue) *chuka*
hauen (schneiden) *tema, dumula mbao*
Haufe (Menschen oder Tiere) *chipinga,* (Häufchen Salz u. a.) *chussungu*
Haupt *mtui*
Häuptling *mtua*
Haus (wo Verheiratete wohnen) *numba,* — (wo Knaben und Junggesellen wohnen) *chengu,* (rundes) — *chisiengereto,* — (viereckiges) *chikautari,* — (provisorisches) *chisakaza,* zu Hause *mumumba,* Haus bauen *jenga numba,* — einreißen *bomola numba,* Haustüre *mulyango,* Öffnung der Haustüre gegenüber *simu,* wo bist du zu Hause? *ukaya gwako kochi?* offenes Haus = bloßes Dach auf Pfählen *etenga, egongo lia ntembo,* — für Getreide, Kornspeicher *luhancha*
Haustaube *ngundi,* wilde Taube *nchiwa*
Haut (von allen leb. Wesen) *lukuli,* — abziehen *pega,* — aufspannen *amba*
Hautausschlag *ebuni,* — (Aussatz) *viwasso,* — (Flecken, helle) *wanaussigi,* — (Buba) *ebangalla,* — (Krätze) *upere,* — (Wasserpocken) *egalagala,* — (Pocken) *gnonda*
häuten, sich (Schlange) *liula*
Hebamme *munyago*
heben *sazulla*
Hecke *eziezieta*
Heft (Griff) *chifimbo*
häufig *kafuahera*
heilen (einen) *ponia,* — (intr.) *pona,* — (Wunde) *polla*
Heilmittel *mgota, mtera*
Heim *ukaya,* in meiner Heimat, bei mir daheim *pakaya pangu*
heimkehren *uya,* (*mbuya* ich kehre heim)
heimlich *ninita* (verb.)
heimsuchen *lolla*
Heimweh haben *lihollera ukaya*
heimwärts begleiten *sindika*
heiraten (v. Manne) *heta,* — (v. der Frau) *genda gwa mpallu,* — sich verloben *kuyuga,* — durch Gaben freien *sanja*
heiser sein *lirala* (*sc. lizio*)
heiß sein (die Sonne brennt) *mjenche guchea*
heißen (trans.) *pa lina, pa litao.* Wie heißest du? *litao liako gwa gani?* oder *gwa ga?*
heiter sein *nemerera, sekerera*
helfen *tanga, tangira,* die Arznei hilft! *mgota nagaka!* die Arznei hilft nichts *mgota uhere ndiri*
hell sein *langalla*
hemmen *sigirira, lemerera*
Henne *nkuku*

herabkommen *serera*
herablassen (Fahne) *serezia, suluzia*
herabsteigen *suluka*
herankommen *segerera*
hinauf *pampindi, kumpindi*
herauskommen *lawa*
herausgehen *lawa*
herausnehmen *lawia*, - (entfernen) *ussia*, Honig ausnehmen *avia*
herausziehen (aus dem Wasser) *nika*
herbeirufen *koka*
herbringen *jega*
Herbst (Schluß der Regenzeit) *chafu*
Herd (Kochsteine) *mafiga*, — (Platz zwischen den Steinen) *pachifu*, Topf auf die Steine setzen *vuachika*
Herde *epinga*
hergeben *pa*
herkommen *segerera*
hernach *mpoli*
Herr (unser —) *mkom-kwetu*
Herrin (erste Frau) *nahota*
herrschen (leiten) *longozia*
herumgehen *zietazieta*
herumschauen *lolla kumpeko*
herunter *pazi*
herunterkommen *suluka*
hervorbringen *lera*
Herz *moyo*
Herzgrube *chinkononkono*
Herzklopfen *tuitula* (*moyo*)
hetzen (Hund) *imbizirira*, Hetzruf *err!*
heucheln *na ubala*
Heuchler *mbala*
heulen (allg.) *lira*, — (Hund) *boota*, — (Hyäne) *guta*
Heuschrecke (Wanderheuschrecke) *mkumbi, pl. wam-*, (grüne —) *pogopogo*

heute *lero*
hier (in der Nähe) *apa*, — (weiter fort) *ako, aku*, — sein *pano*, hierher *kuno*
Hilfe *matangano*
Himmel (Sternhimmel) *ntondo, zintondo*
hinab *pazi*
hinabspringen *pinga pazi*
hinabsteigen (Berg) *serera*, (Baum) *suluka*
hinauf *pampindi, kumpindi*
hinaufklettern *kwena*
hinaufsteigen *kwena*
hinaus *kuza*, — bringen *lawia kuza*, — werfen *assa nakamu kuza*
hinbringen *jega*
hindern *sigirira, lemerera*
Hindernis (festes) *chimalla*
hinein *mu-*, mitten drinnen *mlamu mu*
hineinfallen (Loch) *patakira*
hineinführen *ingizia*
hineingehen *ingira*
hineinkriechen *kwawa*
hineinlegen (schütten) *itira, lekera*
hineinpacken *mankana*
hinfallen *gua*, — (v. Epilepsie) *gua na chihazi*
hinken *teka*
hinlegen *tula*, (Kind —) *goncheka*
hinliegen *kalagata*, — (auf dem Bauch) *gonja funa*
hinreichen *ankira*, — (genügen) *lingana*, — (örtlich) *fika*
hinrichten (auf ein Ziel) *tissiatissia*, — (töten) *laga*
hinten (örtl. und zeitl.) *kumberi*, hinter mir *kumberi kwangu*
Hinterbacken *litako, ma-*
hintereinander gehen *genda ndii ndii, genda lukongho*

hintergehen *zianga*
Hinterlader *huti ya kolofinda*
Hinterkopf *chisogo*
hinterlassen (zurücklassen) *leka*, — (Erbe) *hazia*
Hinterlassenschaft *chuma chileke*
hinübersetzen *lozia* (tr.), *leka* (intr.)
hinübersteigen *pinga*
hinüberwerfen *guma*
hinunter *pazi*
hinuntergleiten *siota*
hinwegnehmen *ussia*, — (mit Gewalt) *pooka*
hinwerfen *assa*
hinzufügen *ongera*
Hirn *wongo*, Hirnschale *chipaki*
Hirse *saka, zisaka*, – (rote, kleine, nur auf den Bergen) *chimata*, — (weiße, große, nur in der Ebene) *mapemba* oder *saka luhole*, Hirsestengel *luerege*, *miwerege*
Hirt *mlindira*, *mdima*
hissen (Fahne) *kwenia*
Hitze (schweißtreibende) *lifuke*, — (Körper hat Hitze, Fieber) *nchimba ipiupa*, *nchimba ihemuka*
hoch *tari*, — (Stimme) *dididi*, (tiefe Stimme) *kullu*
hoch oben *kumpindi kwa-*, *kumpindi nagaka*
Hochmut *kulikwissa*
hochmütig sein *likwissa*
Hochzeit *kuheta*
Höcker (Menschen) *chigongo*, — (Rind) *chongo*
Hoden *ntongi*, *zin-*, *kambako*, *zi-*, Hodenschwellung haben *na chiduku*
Hof (um ein Haus) *eziezieta*, — (Mond) *chisiengereto*
hoffärtig sein *likwissa*
hoffen *litumba*
Hoffnung *kulitumba*, —aufgeben *leka kulitumba*
hohl sein (Bambus) *mponjo*, — (Höhle in der Erde) *nampawi* — (Höhle im Felsen) *mpanga*
holen *genda kujega*, Wasser — *nega*
Holz (Bauholz) *majengo*, — (Brennholz) *mbao, zimbao*, — (Stück Holz, Brett) *lubao, ebao*
Hölzchen (allg.) *chikokolla*, — (spitz) *chibiki*, — (Holzprügel) *chikomerevu*
Honig *njuki*, Honigwabe *massega*, Honig ausnehmen *avia*
Honigdachs *chinegere*
horchen *pirikanira*
hörbar sein (sc. *nene*) *pirikana*
Höriger *manda*
Horn *magoli*, — (zum Blasen) *chipalahi*
Hornisse *chinufi*
Huf *chipaga*
Hüfte *pambawu*
Hügel *chigongo*, *chidugudugu*,
Huhn (allg.) *nkuku*, — (erwachsenes) *nkuku ekollo*, — (das noch nicht Eier legt) *ntembe*, Hühnerstall *chitukullu*, Hühnerkorb *chissanka*, Küchlein *nkuku nchana*
huldigen *kwissa*, *lamsia*
Hülse (Kernfrucht) *miwawi*, — (Deckblätter des Mais) *mihamba*
Hülsenfrüchte *viboga*
Hund *ngnanga*, — (wilder) *mbwaua*, — (junger) *chikutukutu*, — (männl.) *mpongo*, — (weibl.) *mdalla*
hundert *marongo chumi*

Hunger *njalla,* — bringt um *ignulla, njalla ignulla,* halb verhungern *levulla, njalla imlevulla,* hungrig schlafen *gonja na njalla*
Hundsaffe *eyani*
hüpfen (aufhüpfen) *dalika,* — (springen) *pinga*
husten *kosomalla*
Hut (Fez) *kofa,* — (Strohhut) *chikokoma*
hüten (Tier) *lindira,* — (Kind) *heperera*
Hütte *numba*
Hyäne (große, gefleckte) *mtoti,* — (kleine, gestreifte) *mdula*

## I.

Ich (unbetont) *na-, ni-, nu-, ne-, n,* — (betont) *nene, nenga*
Ichneumon *nkuchiro*
ihr (unbetont) *mu-, mwa-, m-* — (betont) *muenga, mwenga*
ihr (poss.) *kue, ao*
immer *masikugosere, kolla lisiku*
in *mu-*
indes *uyakai*
indessen s. während
innen *mu-, pakati pa-, mkati*
Insekt *chikongollo*
Insel *chidjinchi, egungulli*
inwendig *pakati pa-*
irden *ya ludapaka*
irgendeiner *igani, yumo, yumohera*
irregehen *siokera*
irrereden (laut phantasieren) *lumpalumpa*
Irrsinn *lukwali*
irrsinnig sein *na lukwali*

## J.

Ja *ina, nagaka*
jagen *winga*
Jäger *muwinga*
Jahr *chaka, pl. vyaka,* in diesem Jahre *chakachi,* im vergangenen Jahre *chaka cha pambele, chaka chipititi,* im kommenden Jahre *chaka cha palongollo,* im 6. Jahre, nach 5 Jahren *viperi vyaka mohano,* im 7. Jahre, nach 6 Jahren *viperi vyaka mohano chimo*
jäten (mit der Hacke) *palira,* — (ausreißen) *tupulla luani*
je, desto, durch *ongerera*
jeder *kolla mundhu, wandhu wosere*
jeder einzelne *kolla yumohera*
jener (r. Klassenpräfix) *-lia,* — Mensch *mundu ulia,* — Mensch dort *mundu ulii*
jetzt *winno,* eben —, sogleich *ullawinno*
jucken *auwa,* es juckt mich *pambauwa,* es juckt dich *paguauwa*
jung (Menschen) *ntemba,* ich bin — *nene namkaali ntemba,* — (Rinder) *mikwada*
Junggeselle *msongollo, mchengu,* — (wenn der Bart sprießt) *mtemba,* Mädchen *nafunda mhinga,* Jungfrau (entwickelt, verlobt) *mvali,* (die noch nicht verlobt ist) *mchengu*

# K.

Kaffernkorn *saka, zisaka*
kahl sein *na lupaza*
Kalb *ekwada*
Kalk *ulera*
kalt (sich — fühlen) *guga, pima*, heute ist es — (kühl), *leo mahundi*, — werden von der Speise *zisima*
Kälte *mahundi*
Kamaelion *lufui*
Kamm(zumKämmen) *chitutuliro*, — (des Hahnes) *chiramba*
kämmen *tutulira*
Kampf (Krieg) *makondo*
kämpfen *komana, liraga*
Kämpfer *mkondua, pl. wankondua*
Kanal *lukukulua*
Karawane *muanja*
Kartoffel (allg.) *liombo, nombo*, — (weiß, gezacktes Blatt) *chindollo*, — (rot, klein) *nachere*, — (weiß) *longollo*, — (rot, herzförmiges Blatt) *kanepera*, — Pflanzenspitzen *mihera*
kastrieren *saula*
Katze (Haus-) *nyao*, – (wild) *nkano*
kauen *tafuna*
Kauf *ukopi*
Kaurimuschel *mamba*
Kautschuk *mpira*
Kebsweib *chipali*
Kehle (Kehlkopf) *egologollo, lukullmiro*, Gurgel *pachasantongi*
kehren *fyagira*
Kehricht *miswazua*, —haufen *efunkussi*
keimen *sanga*
Kelle (zum Kochen) *lutera*
kennen *maana*
Kennzeichen *pakumaanikira*
Kern (Früchte) *ngeri*
Kette (Perlschnur) *ussanga*
Keule *chibonga, muhumbati*, — (Fleisch) *liondo*
Kikeriki *kokoliko*
Kind *muana, mwana*, du bist wie ein — *gwenga gwa muana*, Kindsfell *mpapa*
Kinn *chirefu*
Kissen *msagamu*
Kiste *sanduku, sandiko, ma-*
kitzeln *nekaneka*, kitzelig sein *na wazira* oder *wizira*
klagen *lira*, — (vor Gericht) *nenera*, Trauerklage anstimmen *vinna egungu, lira chivembo*
klar sein (Wasser) *lengera*, es ist klares Wetter *mlungu gapalla*, — werden (Verstand) *vimaana*
klatschen (Hände) *koma chipopo*
Klaue *chipaga*
kleben *lemerera* (intr.), *matika* (tr.)
Kleid *nguo*, — (togaartig) *ebuka*, altes — *nguo ngona*
Kleie *miwawi*
klein *dididi, pussu*, — (kurz) *fupi*
klemmen *banira*, – sich *libanira*
Klammer (Wäsche-) *mbato*
Klippschliefer *mperere*
klettern *fuluma*
klopfen (Türe) *konkondha*, — (hinein) *koma, komerera*, hinaus— (Jembe) *komolla*
Kloß (Lehm) *nkamangu*, — (Brei) *ntongi*
Kluft im Lehmboden *ligaga, ma-*, Reißen des Verputzes *likentha*
klug sein *na mahalla*
Knabe *msongollo*

knarren *lira*
knattern (Prasseln des Feuers) *utugangika*
kneifen *tona*
kneten (Lehm mit den Füßen) *timbankira*
Kniescheibe *lunungunu*, Kniekehle *paubenekero*
knien (nieder—) *suntumalla*
knirschen *luma meno*
Knochen *chifupa, chihondo*, — zernagen *kukuta chifupa*
Knöchel *hundu*
Knollen ansetzen *taga*
Knopf *chifungo*
Knospe *ejida*
Knoten *chifundo*
Koch *mtereka*
kochen (sieden) *tereka*, gut — *tereka uhere*, —, braten (Fleisch) *kalanga*, — (Kartoffeln) *ochia*, gar gekocht sein *pia*, — durch Feuer trocknen *chopeka*
Kochtopf *chiwiga*
Köcher *ntumbi*
Köder *chambo*
Kohle (glühend) *makalla*, — (kalt) *lichiri*, *ma-*
Kolik haben *lumanga*
kolossal hoch *tari gwendendende*
kommen (herzu—) *iza*, — von *lawa*, zurück— *uya*, näher— *segerera*
König *mtua, mkomgwetu*
können *daha*, nicht — *daha ndiri, poota, maaka (ne) hera*
Kopf *mtui*, — in die Arme stützen *libata*
Kopflaus *moko*, *wa-*
Kopfnaht *luntossi*
Kopfweh *mtui gutama*
Korb (flacher, weiter) *chissero*, —(tiefer) *chitambiko, chitanda wala, chihege*
Korbflechter *msenga vissero*
Korn *saka*
Kornwurm *chombi*, Fressen des Kornwurms *fukuza*
Körper *nchimba*
Kost *viboga*
kosten, verkosten *laulira*
Kot *mafi*
Krabbe *nkalla*
Krach *lupancha*
Kraft *maaka*, — probieren *tika maaka*
kräftig sein *na maaka*
Krähe *namhoi, namkungullu*
krähen *wika*
Kralle *nkoji*
Krampf *etalalira*
Kranich *namkuta*
krank sein *luala*
Krankheit *utami*
Krätze *upere*
kratzen (scheuern) *gululla*, — (sich) *liaga*, — (Vögel, Katze, Hund) *aga*, Inf. *kaga*, — (Leopard) *tona*, in den Stein einkratzen *kwanthanga, kwantha, lemba*
Krabbe *nkaala*
Krebs *nkatu*
Kreide *edebani*
Kreis *chizerengetu*
Kreisel (mit Peitsche zu treiben) *nankapira*, — (mit zwei Finger losgelassen) *nega*
Kreuz *maoko, msalaba* (kisw.)
kreuzen (Beine) *pingania* (tr.), *pingika*, — (Wege) *sapukana*
Kreuzweg *maleka, pamaleka*
kriechen *auwaauwa*
Krieg *makondo, ukali*, — beginnen *anja ukali*, — lassen,

beenden *leka ukali*, — führen, sich bekriegen *lissoma*, sich ergeben *ponga*
Krieger *mkondua*, *pl.* *wankondua*
Kriegsgefangener *liteka*, *pl.* *mateka*
Kristall *ntondo*
Krokodil *mamba*
Krone *chizirengetu*
Kronenkranich *liwali*
Kropf *ligologollo*, *esolero*
Kröte *liuli*
Krug (irdener) *fulu*, — (Kürbis) *chikossi*
krumm werden *gogodolla*
krümmen *gogodazia* (tr.)
krüppelhaft sein *benangika*, Mißgeburt *mlungu*
Kruste im Topfe *chigwangwallu*
Küche *pachifu*
Küchlein *mwana gwa nkuku*, — unter die Flügel nehmen *kisskira*
kühl werden *polla*, kühlen *pozia* (tr.)
kühn *mfungakandi*, *chikambako*
Kugel (Gewehr) *chipoloma*
Kuh *ngombe ekollo*
Kummer haben *lihollera*
Kürbis (trocken) *chikossi*, — (Gemüse) *chikwissi*
kürschen *kuta mpapa*
kurz *fupi*
kürzen *sigulla*
küssen *sessia*
Küste (an der) *kumpuani*

# L.

lachen *seka*, mit Lachen herausplatzen *dukira*
laden (Gewehr) *samirira*, die Ladung *msindu*, Ladestock *luncke*
Lage ändern *galulira*
Lager *ngono*, sich lagern *jenga ngono*
lahm sein *lemera* (*lioko*, *lugulla*)
Lamm *mfungamo*, *ngollo*
Land *mlima*, Landgut *mgunda*, Landmann *mlima mgunda*
lang *tari*, vor langer Zeit *kaala*, *makachu*
langsam *mpolempole*
langweilen, sich *ona ukweka*
Lappen (Stoff) *chinyakayaka*, — (Bandage) *lufunga*
Lärm *kuyoayoa*, *umatu*, – schlagen *tenda umatu*, *taga umatu*, vom Lärmen ablassen *leka umatu*, *nyamalla*, Still! *umatu!*
lassen *leka*, z. B. laß mich gehen *guleke gnende nene*, nicht — *bezia*, übrig— *lekera*
Last *mzigo* (kisw.), — Hülsenfrüchte *chisanka*
lästig fallen (ermüden) *benezia*
Latte (Dachsparre) *pagalira*
lau werden *polla*
lauern *gagulla*
Lauf *kutuga*
laufen *tuga*, *lichera*
Laus *moko*, *pl.* *wamoko*
laut sagen *kamazia*
läuten *gomba* (tr.), *gombeka* (intr.)
lauter (bloß) adv. *hera*
Leben *ukomu*
leben *kwikaala kwa mkomu*
lebendig *mkomu*
Leber *litoga*, *ma*-
lecken *lambita*
Leder *ekuli*

leer sein *hera*
legen *tula*, Eier — *tagira magi*
Lehm (roter) *ludapaka luchere*, —kloß *nkamangu*, — treten *timbankira*, — stampfen *babantira*
lehnen (anlehnen) *agamia, agamizia*, sich vorwärts — *lionera*, sich rückwärts — *liagama*
Lehre *mafundo*, lehren *funda*, Lehrer *mfunda*
Lehrling *mkanadahi*
Leib (Körper) *nchimba*, — (Bauch) *mtima*, Leibweh haben *mtima guntama*
Leiche *mtugullu*
leicht *euka*
leichtsinnig *mbala*
leiden *na manyanga*
Leiden *manyanga*
leihen *azika*
Leim *unkombi*
leise (adv.) *kunyati*, — gehen *genda kunyati*, — reden *ninita*, langsam sprechen *takula polempole*
leiten *longozia*
Leiter *lupagi*
Lenden *pabavu*
Lendenschnur *luvunga, zi-*
Leopard *duma*
lernen *lichera, lifunda*
lesen *soma* (kisw.)
letzte *gwa kuntengu*
leuchten *walla* (intr.), schnell aufleuchten *meremezia*, langsam — *milika*
Leuchtkäfer *chimerimetua*
leugnen *bera*, frech — *bera na makeo*
Leute *wandu*. Was seid ihr doch für —! *muagani!*
Licht *liranga*
licht werden *chia*
lieb (gut) *herepa*
Liebling *mfira*
Liebschaft haben *lifira*
Lied *sambo*
liegen *gonja*
Linie *lukongho*
links *lioko lia kunchigi*
Lippe *liromo*
List *ubala*
loben *zuga*, Schmeichler *mzuga*
Loch *e-, lirindi*, — (Tiergang in der Erde) *chichoga, pl. vi-, mi-, ma-*, — (Höhle in dem Felsen) *mpanga*, Mausloch *mkondo*, Lochzustopfen *diwira*
locker sein (vom Strick) *wompuwompu*, — werden *hogoya*, lockern *hogozia* (tr.), sich lockern (Kleid) *fulika*, locker werden (Holz, Eisen) *begema*
Löffel (Koch-) *lutera*, — (Schöpf-) *ukalage*
Lohn *ubaharia*
Los *ndupu*, — werfen, — ziehen *dupa*
löschen *zimia*
losbinden *yopollera*
lösen *yopollera*
losgehen (Hacke vom Stiel) *lawa, gomoka*
losspringen *bata*
Löwe *simba*
Lücken (in den Zähnen) *magomboli*
Luft *mpepo*
Luftröhre *lupipi*
Lüge *videta, uffpiota*, lügen *longa videta, badja hera*, Lügner *na videta*
Lunge *mvuke*
Lust (Verlangen) *chao*
lustig sein *nemerera*

# M.

machen *tenda,* etwas aus Holz — *songolla,* etwas aus Leder — *wewa,* macht nichts! *maani!*

Macht *maaka,* mächtig sein *na maaka*

Made *mpekenyu, ma-*

Mädchen *muhinga, nafunda,* (reif) *mwali*

Magen *chiseke,* Magengeräusch *msangu*

mager werden *konda, boma, gomoka*

mahlen *siaga,* für einen — *siagira*

Mahlstein (unterer) *luala,* — (oberer) *nkassi*

mähen *henga ntundu*

Mähne *ussinga*

Mais (allg.) *majani,* — (gemahlener) *siga, sokole,* —kleie *ukapikapi,* —kolben (leer) *chikunkuti,* Haare des — (Bart) *ulefulefu,* Bart schießen *tuma ulefulefu,* —körner *mpira, mipira,* —körner ausbrechen *batula mipira,* gesottener — *magungu,* —stengel *chigage,* —garbe *livunda, ma-,* — im Wachstum verkümmert *chikota,* —stengel, wenn der Kolben abgeerntet *egobolero,* Deckblätter des —kolbens *mihamba,* zweite —aussaat *chalula,* — abblättern *dauwa,* —blätter vom Kolben abreißen *sukinia,* —kolben in Bündel binden *panga ngou,* den einen oder anderen Kolben abbrechen *bena,* — das ganze Feld einernten *benanga,* —kolben zum Trocknen aufhängen *anikira,* die ersten —kolben ins Pori werfen *assa chichamu,* die ersten —kolben essen (Vorrecht des Häuptlings) *tekera*

mal *ka-,* ein— *kamu,* ein ander— *kamonga*

Mangel *hera*

Maniok *munindi*

Mann *mpallu,* ein alter — *mtua,* mannbar *mkullu,* mannbar erklären *chema mkullu*

männlich sein *maanika mpallu*

Mark *esukosuko*

massieren *kanya*

Matte (zum Schlafen) *chinda,* —(Palme) *uliri,* —(Schilf) *etefu,* — flechten *luka uliri,* Flechter *mluka*

Mauer *chipampha*

Maus *kadwiro, kapingi, mbeya,* Haus— *ekwere,* —loch *dindi, mkondo*

meckern *lira*

Medizin *mgota, mtera,* — bereiten *tereka*

Meer *bahari* (kisw.)

Mehl *ubaga,* — (grobes) *siga,* —brei *ubaga*

mehr *ongera,* nicht — *kengi ndiri*

meiden *pepeduka,* — (unterlassen) *leka*

mein *-ngu, gwa nene*

meinen *holla*

melken *kama*

Menge (Leute) *epinga,* — (Dinge) *olla*

Mensch *mundhu*

Menses, erste *alama*
merken *ona, maana*
Merkmal *kumaanikira*
messen (Hohl- u. Längenmaß) *jera*
Messer *chimage, chihimbe*, Busch— *muere, mi-*
Messingring *egombo*, ein Ring um die Handknöchel *egombeka kamu*, Ring um die Füße *chitindi*
mich (unbetont) *ni-, na-, nu-, n*, (betont) *nene, nenga*
Milch *mawele*, (besser) *maziwa*, — gerinnen *gama*, — sauer werden *chechema*
mild *olo*
Milz *mayayagalla*
mir = mich *kwangu*, bei mir *kwanene*
mischen (Speise mit Salz) *timulira*, — (zwei Sachen zusammenschütten) *hangania*
Mist (Kehricht) *effunkussi, efullu*
mit (Begleitung und Mittel) *na*
Mitleid haben *ona lussungu*, — (tr.) *lilira*
mitsammen *pamuhera*
Mittag *mjenche pakati*
Mitte, in die, in der *pakati pa-*
Mitternacht *ligono lia mkati*
mitteilen (verteilen) *gawa*, — (teilen durch Brechen) *mega*, — (brechen und verteilen) *megera*
Mitteilung *visoero*
mögen (wollen, belieben) *fira*, (nicht wollen) *fira ndiri*, nicht — *lema* (*nema* ich mag nicht)
möglich sein, durch die neutropassive Form des Verbums auf *eka, ika;* z. B. machen *tenda;* möglich sein, geschehen können, ausführbar sein *tendeka;* es ist möglich *chi tendeka;* bauen *jenga;* bauen können, gebaut werden können *jengeka;* nicht möglich sein, unmöglich sein *-eka ndiri*
Monat (Mond) *muezi*, Neumond *muezi guoneka*, Vollmond *muezi gukullu*, letztes Viertel *muezi gwa kochi*, wachsen (des Mondes) *kula*, abnehmen (des —) *lala*, scheinen (des —) *wala*
morden *laga, ilaga*
Mörder *mulaga*
Mordgeselle *magnulla*
morgen *chilao*, über— *pauchia*, überüber— *palapacha*, am 4. Tag von heute *paluguza*
morgen früh *pamalao*
morgens *tangulira*
Morgenstern *ntondo tolani*, Abendstern *ntondo chiona kala*
Mörser (Holz) *etuli*
Moskito *mchugumi wa-*
Motte *mmehe*, *pl.* *wamehe*
Mtama *saka, zisaka*, —stengel *luerege, mi-*
Mücke *chinkozi*
müde werden (auch alt werden) *toka*
Mühe, sich — geben *kangamalla*
Mühlstein (unten) *luala*, (oben) *nkasi*
Müllhaufen *effunkussi, efulu*
Mund (Lippen) *mlomo*, —höhle *chikanua*, Leute anderer —art (Dialekt) *mtongolla, wa-*, einen — voll nehmen *taga holo*
Mündung (Fluß) *pakomango*, — (Gewehr) *mpeho*
murren *ngnulugnuta*

Muschel *nkalagi*

Musikinstrumente: einsaitige Guitarre *lunchali*, Art Violine *chingutinguti*, zweisaitige Guitarre *esesse*, Violinart *lumbongombongo*, Art Metronom *ekwantha*, Flöte *lufulengi*, Trommel (lang) *ngoma*, (kurz) *lignumbuli*, Ratteltrommel *ssewe*, Rattel *chinchalinchali*, Fußrattel (Früchte) *vissenkessenke*, Fußschellchen *vioyo*, Horn *chipalati*, Blasinstrument aus Bambus *ebenka*

Muskeln im Arme *ntonga*, *pl. zin-*

müssen 1. *gambira* und 1. Konjunktiv 2. mit *kulla*; und Infinitiv, z. B. *nene kulla kugenda*; 3. *pa*, z. B. ich muß gehen *cha-nu-pa*, wir müssen gehen *cha-tu-pa*; 4. *daha ndiri*, z. B. ich kann nicht hier bleiben, ich muß gehen *daha ndiri kwikaalapa gnende*

müßig sein *na upuere, ikaala hera*

Müßiggänger *mpuere*

mutig (tapfer) *kangamalla*

mutlos sein *mtima julujulu*

Mutter *mao*, meine — *mao gwangu*, unsere — *maogwetu*, deine — *mao gwako* oder *unoko*, seine — *mao gwakue* oder *unokue*

# N.

Nabel *nkufu*, —bruch *na nkufu*, —strang *lukomba*

nach (Richtung) *ku-*, *kwa*, — (hinten, später) *kumberi*, *kwa-*, — und — *polempole*

nachahmen *lijera*

nachdem *pa-* mit Präteritum auf *iti*, z. B, — er gegangen *pagagenditi*

nachdenken *holla*, *kumbukira*

Nachernte halten *vuvula*

nachfolgen *windikira*, — (nachahmen) *lijera*, — in der Regierung *ingira utua*, *-pa utua*

nachher *mpoli*

nachjagen *wingawinga*

Nachkomme *muisukullu*, *pl. wesukullu*

nachlässig sein *lengama*

Nachlässigkeit *na gulengamala*

nachlassen (Schnur) *hogozia*, — (intr.) *hogoya*, — (erlassen) *leka*, *ussirira*

nachlaufen *puzia*

Nachmittag *mjenche gusagama*

Nachricht *visoero*, was gibt's Neues? *visoero gani?* Nachricht bringen *jega visoero* (*jegera*), — schicken *tuma visoero*

nachsinnen *holla*, *liholla*, *kumbukira*

nachspüren, schnüffeln (Hund) *pemba*, — (Mensch) *windikira*, *sakulla*

Nächster siehe Gefährte

Nacht *chiru*, nachts *pachiru*, — hereinbrechen *inalla*, die — bricht herein *wamkuinalla*, —lager *pagugonjeka*

Nacken *ugozi*

nackt *na chifula*, — umhergehen *genda chifula*

Nadel *sinkanu*
Nagel *msomali* (kisw.), Finger— *nkonchi*
nagen *kuta*
nahe (zeitl.) *pabchi, pa-*, (örtl.) *pagwegera, pa-*
näherrücken (tr.) *segezia*, (intr.) *segerera*
nähen *sona*
nähern sich *segerera*
Nahrung *chiboga, viboga*
nähren (nahrhaft sein) *kwinna*
Naht *lusonero*
Name *lina, litao, ma-;* wie heißt du? *litao liako gwa gani* oder *gwa ga?*
nämlich *hangu*
nämliche, eben der, durch Verdoppelung des Demonstrativs
Narbe (Wunde) *nkoy*, (Einschnitte) *nembo*
Narr *na lukwali*
Narrheit *lukwali*
Nase *mpula*, Nasenbein *lupenkero*, Nasenloch *mpanga ya mpula, pl. zim-*, Nasenhaar *chifuzeze*, Nasenschleim *mamira*, Stülp— *mpula idandamala*, Breit— *mpula ibochoka*, — putzen *penka*, mit der — schnüffeln *pemba*, durch die — sprechen *takula limpula*, Nasenbluten haben *lawa muazi kumpula*
Nashorn *tupa*
naß sein *loa, roa*
Nebel *lifukafuka*
Nebenmensch siehe Gefährte
neben, nebeneinander *luballa luanecken*
necken *chinniga*
Neffe siehe Bruder
nehmen *tolla*, mit Gewalt — *tolla na egnanga, nika, poka*, wenig mit der Hand — *sontolla*, auf den Arm — *kisskira*, nimm da! *guanke apa!*
Neid *ndigi*, beneiden, neidisch sein *na ndigi*
neigen *ngongonalla*, sich — *tenguka*, die Sonne neigt sich *mjenche gusegeka*
Neigung *fira*
nein *ndara*
nennen (benennen) *-pa lina*, den Namen — *kantha lina*
Nest *chifulu*
Netz (zum Wildfang) *luavu*, (zum Fischfang) *chidjimba*
neu *cha siai, cha siambi*
neugierig sein *na ulanka*, — umhersehen *sungulira*
Neuigkeit *visoero vya siai*
Neumond siehe Mond
neun *mohano na mcheche*
nicht, nach dem Verbum *ndiri;* vor dem Verbum beim Imperativ *na-*
nicht wahr? *ina?*
niederfallen (vor Großen auf die Kniee fallen) *tugirira*, — (kopfüber) *ziusutika*, — (vornüber) *galagata*, vor Schmerz, Trauer Purzelbäume schlagen *libidulla*
niederhauen (Baum) *tema, dumula*
niederknien *suntumalla*
niederlassen, sich *hama, jenga*, — (Vögel) *kangalla*
niederlegen (Gaben, Speise vor jemanden) *guangua* (tr.), sich — *genda kugonja*
niederreißen *bomola*
niederschlagen *bakula*
niedersetzen, sich *lifuaga*
niedersitzen *lifuaga*

niederstellen *tula pazi*
niedertreten (auf dem Felde) *boga*
niederwerfen *assira pazi*, — (beim Ringen) *buntha, kwissia*
niedrig (Haus) *fupi*, (Wasser) *dididi*
niemand *kwehera mundhu*
Niere *figo, zi-*
niesen *tiamulla*
Nilpferd *huhu, ndomondo*
nisten *jenga chifulu*
noch *padididi!*
noch nicht, *na-* vor dem Verbum und Schluß *i*
nochmals *kawili, kayi*
noch mehr *ongera*
Norden *kusika*
Not (— an) *na kunumanuma*
Notdurft *tunda, ninia, dasi*
Nothütte *ekaita, ma-*
notwendig haben (brauchen) *lilira, kalalira*
nüchtern sein *lia siai*
nun *winno, su! suihangu! sui* nach dem Verbum
nur *hera, la*, z. B. nur da, nur dorthin *pallá*, nur drei *wallá watatu*
nützen *lingana*, nichts — *lema*
Nutzen *malingano*

# O.

O! Ausruf *hoo! hei! ehēē! aē!*
ob — oder *maani — ma*, weiß nicht, ob er kommt *maani nagagezi ma*
Obacht geben (wachen) *lollera*, — (auf den Feind) *lichenjera*
O-beine *madewi*
oben *pampindi, kumpindi*
Oberhaupt *mkullu, mkom, mtua*
Ochse *massai*
oder *hangu*
offenstehen *ikaala muazio*
offenbaren *maanizia*
offenbar werden *maanikana*
Offenbarung *emaanizio*
öffnen (Türe) *fugulla*, — (Knoten) *yapolla*, — (Augen) *jodolla*
Öffnung *muazio*
oft *kafua hera*
Öl *mafuta*
ohne *hera*, ich bin — usw. *nehera*
ohnmächtig werden *luhalla luagamira*
Ohr (Ohrläppchen) *lipepe, ma*, Ohrmuschel *mpanga gwa ekutu*, Ohr, Gehör *ekutu*, Gehörgang *mbulukutu*, Ohrenschmalz *ekupiri*, Ohrengeschwür *muungu*, Trommelfell *lupalla*
Ohrenbläserei treiben *na unuanua*
Ohrfeige geben *-pa baandi*
Ohrläppchen durchbohren *donolla lipepe*
Opfer (Totenschmaus mit —) *likoa*, Opferschmaus halten *tenda likoa*, Privatopfer *matambiko*, opfern *tambika, tula*
ordnen *nyauwa*
Ort *ukaya, pakaya*
Osten *kugusokera mjenche*
Oxyd am Metall (auch Schimmel am Leder) *wookumo*

# P.

packen *bata*
Palmarten *mkoma, mjinshi,* Ölpalme *luwali, mi-, lukindu*
parallel laufen *lingana*
parieren *lichigirira*
passen *lingana*
Pech *unkombe*
Perle *subiri, ussanga*
Perlhuhn *khanga*
Person *mueni*
Pfahl *chibiki*
Pfand geben *-pa malimbanu*
Pfeffer *chiajangajanga*
pfeifen *taga lunduzi*
Pfeife (Tabak) *ejingo*
Pfeil *msale,* Pfeilspitze *njakati,* Pfeilende mit Federn *liwano,* Pfeilgift *ussungu,* Pfeil abschießen *guma msale,* mit dem — treffen *laza,* Pfeilköcher *ntumbi*
Pferdeantilope *mbarapi*
Pfiff *lunduzi*
Pflanze *mmeru,* pflanzen *panda,* Pflanzung *mgunda*
pflegen (sorgen) *lera,* Kranken — *luazia*
pflücken *apa*
Pfosten *kuluguzio*
Pfropfen *chidiu*
Pfütze *edidiga*
picken *solla*
pirschen *sakulla, winga*
pissen *tunda*
Pilz (Rehzunge) *ufumbu,* (eßbar) *ukakati, uzozo, ugendagenda, namavununua,* (nicht eßbar) *erombererombe*
Plaß *erembo*
platschen ins Wasser *litukulira*
plätschern im Wasser *sugira maji*
Platz *pakaya,* Barasa *mgendegendi*
platzen *utuka*
plaudern *yovera*
plötzlich *karakalla*
pochen *donda*
Pocken *gnonda, hembi*
Polster *msagamo*
Pombe *ujimbi,* — brauen *enga ujimbi*
Posten stehen *hepera*
prahlen *likwissa*
Prahlerei *kulikwissa*
Preis (Wert) *ntambu, ukopi*
preisen *zuga*
prellen (sich) *likwechula,* — (einen beschwindeln) *ziánga*
pressen (drücken) *onera,* — (Öl) *kama*
Probe machen (Last) *jera, gazia, tika*
probieren (kosten) *laulira*
prophezeien *kazia hera*
Proviant (Reise-) *mpako*
prügeln *koma, komanga*
Puls *chituitutuitu*
Pulsader *kulututlla*
Pulver *unga gwa huti*
Pupille *chirigirigi cha lisso, chititu cha lisso*
Puppe *nakadehere*
putzen *gudulla,* sich — *lignauwa,* Haare — *palira uviri*

## Q.

Quadrat *chikautari*
Qual *masozia*
quälen *sozia*
Quäler *na lusozia*
Quarz *namhala*
Quelle *chisullu*
Querbaum *ekani*
querlegen *lozia*
querliegen *pingania*
quetschen *banira*

## R.

Rabe *namhoy, namkungullu*
rächen *uzia, uzira,* — sich — (gegenseitig) *uziana*
Rahm *lungusinguzi,* — abschöpfen *yerula*
Rand (Topf) *mtengu*
rasch *karakalla*
rasieren *moga*
Rasiermesser *luhendeko*
Rat erteilen *-pa visoero,* um — fragen *sindikira visoero,* um — bitten *kossia visoero*
Ratte siehe Maus
Rattenfalle(geflochtenerTrichter) *chisota, chinuna*
Rattenmist *nkutu*
rauben *pooka, pookera*
Räuber *mpooka, mpookera*
Raubtier *nyama mkali*
Rauch *liossy,* es raucht *liossy lituma,* Hanf rauchen *pepa makoyo*
räuchern *kollizia mlali* (tr.), *kolla mlali* (intr.)
Räude *upere*
raufen *lewa, likolla*
Raum *passigalla*
Raupe (auf Bäumen) *kufukufu,* Emmerling *lingali, wa-*
rauschen (Kleid) *tumbala,* — (Wasser) *vuma*
räuspern *kosomâlla*
Rebhuhn *nkwale*
Rechenschaft geben *takulla, longa*
rechnen *wallanga*
recht *na naga*
rechte Hand *lioko lia kulia, lioko lia kumlio*
Rechtsprechen *siumba mirandu, takula visoero*
Rede *visoero, mirandu*
reden *longa, takula,* mitsammen — *siumbana,* schnell — *vulufutira,* redselig sein *na takula*
Regen *vula, ivula,* — fallen *toa* (*ivula katoa* es regnet, *ivula kamkutoa* es fängt an zu regnen), — in Anzug sein *winna,* Regenbogen *lunua,* erste Regenzeit *kutuluka,* zweite Regenzeit *chifuko,* Regenwurm *liambi,* Regenpfeifer *etipitipi*
regieren *lollera, lindira*
Regierung *utua,* — einsetzen *ingizia utua*
reiben (abreiben) *kuta,* (zerreiben) *timinia,* (scheuern) *gululla,* sich die Augen — *lifikissa masso,* Salbe einreiben (sich) *lipuluga,* einen mit Salbe einreiben *paka, chiriga,* Feuer — *tika,* Zündholz anstecken *kwata chibiriti*

reich sein *lunda chuma*
Reich *utua*
reichen (hinlangen) *ankira, -pa,* (darreichen) *jega,* (genügen) *lingana*
reichlich vorhanden sein *olla*
reif werden *ula*
Reihe *lukongho,* in eine — stellen *ongeka lukongho*
rein (Kleid) *herepa* (adj.), — werden,— sein(Kleid)*rangalla* (verb.)
Reinheit *wero*
reinigen *gululla,* (Getreide) *peta,* Füße vom Lehm — *lipukuta magullu,* Füße waschen *gululla magullu,* reinlich erscheinen *linyauwa*
Reis (in der Hülse) *mpunga gwa misoa,* (enthülst) *msere,* (weiß, dick) *kwanja,* (weiß, lang) *faramalia, merefu,* (rot) *kavimba-likundu,* (weiß, klar, nadelförmig) *sindano,* — vom Halm streifen *pulumulla,* — dämpfen *futira,* — schwellen im Topfe *kwina,* unreifer — *mpati*
Reise *muanja,* -proviant *mpako,* abreisen *uka*
reißen *dega* (tr.), in Stücke — *myopolanga,* ausreißen, entfliehen *nyegera*
reiten *genda mugongo mua punda*
reizen (zum Zorn) *taga maya,* (zum Bösen) *tuma*
Rest (Speisen) *makombo,* (Kleid) *lufunga*
retten *ponia,* gerettet werden *ponukua*
Retter *mponia*
Reue haben *oya, oyera,* ablassen *leka,* sich betrüben *liholla*
richten *siumba*
Richter *msiumba*
riechen *nussia* (tr.), übel — *nunka,* wohl — *nunkira*
Riegel *chikwissiru,* Holzriegel, um die Türe zu verrammeln *nkuluguzio,* zuriegeln *kwissa*
Riemen *lupoma, lukoa*
Riese (an Größe) *litalitali,* (an Stärke) *maaka gapita*
Rieseneidechse *egondo*
Riesenschlange *sato, mgoy*
Rind *ngnombe,* Bulle *mpongo,* Kuh *ekollo,* Färse *chinda,* als Bulle unbrauchbar *nampendi,* sterile Kuh *nambuda,* mit geschweiften Hörnern *magoli,* mit herabhängenden Hörnern *chibadaga*
Rinde *lula, lugoi,* Zeug aus — *chikuyu,chiombo,*— abschälen *andulla*
Ring *chichenche, chindollo,* — (in den Speerschaft eingeschnitten) *kuzaga*
ringeln, sich *linyenga*
ringen (Spiel) *dinkha,* — (raufen) *likolla*
rinnen (Bach) *genda, tuga,* — (Gefäß) *suma*
Rippe *luawu*
Risse bekommen (Mauer) *motoka,* — in der Fußhaut *makenyi, lizoy*
ritzen *kwechulla* (tr.), sich — *likwechulla,* — (in Stein, Holz) *jera, kwantha*
Rizinus *mbalika*
Rock *muingiro*
roden *tupulla, palira*
roh (unreif) *na luissi*
Rohr *mponju,* Bambus *ludenke, mi-,* Schilf *ludete, mi-*

rollen *gungizia* (tr.), *gunkika* (intr.), — (Donner) *guguma*, es rollt der Donner *kaguguma*
Rost *ukanga*, rosten *kolla ukanga*
rösten *kalanga*, (Kartoffel) *ochia*
rot *chere*, — glühen (verb.) *ula*
Rotz *mamira*
Rücken *ngongo*, den — zukehren *tumbira ngongo*, im — *mungongo*, auf dem — liegen *gonja lugali*, auf dem — tragen *papa*, rückwärts *chimberembere*
Rückgrat *lugongogongo*
rudern *kumpa maji*, Ruderstange *nkavi*
rufen (laut) *chema*, *chemanga*, (herbei—) *wirikira*, Ausruf tun *itika*
Ruheplatz *pakoyera*
ruhen *oya*, *oyera* (Inf. *koya*) ruhig! *umatu!* ruhig sein *oya*
rühmen, sich *likwissa*
rühren (Brei) *fuga*, (Flüssiges) *kologa*
Rumpf *lukullumiro*
rund sein *na chibulumua*
Runzel *chikwimbi*, *anja chikwimbi*
rupfen *pulla*, *pata*
Ruß *mlali*
Rüssel *chikonga*
Rute *lussiatu*
rutschen (vorwärts) *ziota*
rütteln *tikizia*, (schütteln) *puntha*

# S.

Saat *mbeyu*, *zim-*, Saatbeet *etuhi*
Sache *chindu*, (Geschäft, Angelegenheit) *chichuku*, *vichuku*
Sack (Fell) *mhaku*, (Baumbast) *chipinda*
säen (Samen) *yalla*, (Kartoffel) *panda*
saftig sein *dindira*, (Holz) *mteke*
sagen *longa*, *gamba*, *gambira*, *takula*, *ziumba*, *kantha*, jemanden etwas — *longera*
sägen *chikita*
Saite *lusuavi*
salben *paka*
Salz *munu*, etwas — *tunu*
Same *mbeyu*, *zim-*
sammeln *kungania*, *tula pamuhera* (tr.), sich versammeln *kunganyika*, (Wasser) *ongana*
Sand *muhanga*, ein —korn *mbue*
Sandalen *vikwatalla*
Sandfloh *lidjebere*, *ma-*, *litekenya*, *ma-*
sanft *olo*, *teketeke*
Sanftmut *moyo molo*
satteln *tandika* (kisw.)
sättigen *kwina*
satt werden *ikuta*
sauber sein *na nama*, *linyauwa*
Sauce *muhudji*
sauer werden *siuka*, (gähren) *saza*, (verderben) *chechema*
saugen *onka* (Inf. *konka*), aus— *fuemba*
säugen *kongizia*
Säugling *nono*, *wa-*
Saum *mumkungu*
Schachtel *chimamanda*
Schädel *chipake*
schaden *poteka* (tr.), Schaden erleiden *ona kupotukua*
Schaf *mfungamo*, *ngnollo*

Schaft (Speerschaft) *chaka*, (Flinte) *ebao*
Schakal *mbwaua*
Schale (Eierschale) *chikombi cha ligi*, (der Frucht) *chinkwato*, (Trinkschale) *lutekero*, *luindi*
schälen *sessa*, (Bohnen) *dauwa*
Scham *zoni*, sich schämen *ona zoni*
Schamhaare *mifuvi*, — ausrupfen *mecha*
Schande *zoni*, — antun *-pa zoni*
Schar *epinga*
scharf *kali*, *kalipa*
schärfen *kua*
scharren (Huhn) *palla*, (Esel) *kumba*
Scharte bekommen *bodoka*
Schatten *chisissy*, — der Verstorbenen, Seele *lisissy*, — werfen *tula chisissy*
schätzen *kwissa*, ab— *holla*
schaudern *tetema*
schauen *lolla*
schaukeln *tipatipa*, (sich) *tiegnena*
Schaum *efulufulu*
scheckig sein *na malembo*
Scheibe (Kartoffel) *chikokolla*, — schneiden *lengeta*
Scheide (Messer) *hala*
scheiden *bagula* (tr.), sich trennen *bagukana*
scheinen (Gestirne) *walla*, heiß —, brennen *chea*, schwach — *hemuka*, es scheint mir *holla*, *na holla*
Scheitel *chisogo*
scheiteln *pesa*
Schelle *chingengesana*, (Füßen) *visenkesenke*
Schelm *mbala*
schelten *igira*
Schenkel *lipadja*
schenken *-pa hera*
Scherbe *chichio*
scheren *siuta*
scherzen *chimuka*
scheuern *gululla*
schicken (Sachen) *jega*, (Person) *tuma*
schieben *kumpa*
schief sein *ngnongonalla*
schielend *na manchaga*, hinschielen auf etwas *diengulira*
Schienbein *lubejengi*, *lukonkono*
schießen (Bogen) *guma*, (Flinte) *gomba*
Schießpulver *unga gwa huti*
Schiff *wato*, *pl. mato*
Schild *chikopa*, Schildschmuck (Wedel) *mdoma*
Schildkröte *chinkumbi*
Schilfgras *mitete*
Schimmel (Leder, Speise) *ufukunu*
schimmern *nyerenyeta*, lebhaft — *gnanukananuka*, (glänzen) *gnallagnata*
schimpfen *igira*, Schimpfrede *maligo*, *matusi*
schinden *sozia*
Schirm *muayu*
Schlacht liefern *komana*
schlachten *sinja*
Schlaf *mpoota*
schlafen *gonja*, fest — *gonjanga*, nicht — können *jenjera hera*, schläfrig sein *na mpoota*
Schläfe *paluhalla*
schlaff sein (Seil) *hogoya*
schlagen *koma*, *komanga*, ins Gesicht — *koma bandi*, (Herz, Puls) *tuitula*
Schlamm *lungui*
Schlange *njoka*, Riesenschlange *sato*, (mit Hahnenkamm) *songo*,

(schwarz, armdick) *nsungullu*, (blau) *linkumbo*, (weiß u. rot gefleckt) *eboma*, (giftig) *mtemayenja, livingapunda, chikalafulu, namtokossi, ntemera, ndekapoyoa*

schlank *tari*

schlau sein (listig) *na uballa*

Schlaukopf *mballa*

Schlauch aus Fell *mhako*

schlecht *komu, doda*, etwas Schlechtes tun *tenda ntambu idoda*

schleichen *nyata*

schleifen *kua, kwira*, (nachziehen) *kwega*, Schleifstein *libue lia kukwira*

Schleim *mate, efulufulu*

schleppen *beneka*

schleudern *guma*

schließen (Türe) *tata*, (zustopfen) *diwa*, (Augen) *gonia*

Schlinge *lutego*, –legen *tega lutego*

schlingen (verschlingen) *mira*

Schloß siehe Riegel

schluchzen *na kuykuy*, Schluchzer haben *na nankadokolla*, Aufstoßen *bakulla*

Schlund *pachanantongi*

schlüpfrig sein *na utere*

Schluß, am — *kuntengu*

Schlüssel *chakufugulira*

Schlüsselbein *milimbalimba*

Schmach *zoni*

schmal *dididi*

schmecken *fira* (*msangu gangu gafira*), wohlriechen *nunkira*

schmeicheln *zuga, ziangazianga, higa*

schmelzen *lembuka* (intr.)

Schmerbauch *mtima sotu*

Schmerz *manyanya*, – empfinden, leiden *ona manyanya*

schmerzen *tama* (tr.)

Schmetterling *chipulputua*

Schmied *mponda*

schmieden *ponda*

schmücken *nyauwa*

Schmutz (Morast) *edidiga*, (Kleid) *liko*

schmutzig *doda*, — werden *anangika*

Schnabel *liromo*

Schnake *nchuguni*

schnalzen (mit den Fingern) *dupa*, (mit der Zunge) *taga lindowi*

schnappen *anka*

schnarchen *noka*

schnauben *pumulla*

Schnecke (Land) *mpandhu*, (Wasser-) *nkalage*

Schneide *uge*

schneiden *dumulla*, schneidig sein *kalipa*

Schneidezähne *paulungi*

schnell *karakalla*

schnell gehen *lopoka*

Schnittwunde *ekesso*

schnitzen *tema*

schnupfen *pepa*

Schnur *lugoi*

schon *kala*; – längst *hera kala*

schön *herepa, na naga*

schöpfen (Wasser) *nega maji*, herausschöpfen *kontolla*

Schöpfer *muumba*, schaffen *umba*

Schoppen *lutekero*

Schoß, auf den – nehmen *kisskira*

schräg siehe schief

Schraubenantilope *ntandara*

schrecken *kogobezia*

schreiben *lemba*, (jem.) *lembera*

schreien *chema*, (laut) *chemanga, wirikira*, (Ziege) *bobotera*, (Rind) *dama*, (Löwe) *gnulla*, (Hund) *boota*

Schreiner *fundi gwa kusongolla*
schreiten (hinweg) *kiupa*
Schrift *malembo*
Schritt *egullu*
schröpfen *temera,* Schröpfhorn *chirumiko*
Schuh *chikwatalla,* — machen *sona*
Schuld (Fehler) *kutozia, matozio,* (geschuldete Sache) *uwanda, ma-,* Schulden haben *na uwanda,* Schuld abbezahlen *lipa uwanda*
Schulter *mawega,* Schulterblatt *nankombi, wa-*
Schuppe *likallakatu, mi-, mibalabandu*
Schuppen *lukumbi*
Schuppentier *nkaaka*
schüren (Feuer) *kongkonira*
Schuß (Gewehr) *msindu*
Schüssel (Ton, kleine) *chirisu,* (Flechtwerk) *chisseru,* (Flechtwerk, flach) *lusseru*
Schutt *effunkussi*
schütteln *chukuntha,* sich vor Kälte, Fieber — *pigima*
schützen *chingira, chigirira, alamira,* sich — *lichingira, lichigirira*
schwach *na ulere, mlere* (*nene na mlere*), *hera maaka,* (Ding) *dididi,* — werden *hogoya,* (nach der Krankheit) *maakakala ga benangika*
Schwager *mlamu, mlam*
Schwalbe *mbayuwayu*
schwanger sein *na yinda,* (Anfangsstadium) *na luingizi,* (später) *kwega*
schwanken *tipatipa, jenjera*
Schwanz *luchira*
Schwarm *chipinga,* (Bienen) *cha njuki,* (Heuschrecken) *cha kumbi,* schwärmen *gagamuka*
schwarz *titu*
schwätzen *ninita,* Schwätzer *na takula*
Schwefel *chibiriti* (kisw.)
schweigen *nyamalla,* sich beruhigen *koya,* zum Schweigen bringen *higa, nyamazia*
schweigsam *olo* (adj.), *na uolo*
Schwein (gewöhnl.) *ntumbi,* Stachelschwein *essessewengi*
Schweiß *efuizo,* sich den — abtrocknen *lipukuta efuizo*
schwellen *vimba,* (Fluß) *kwena*
schwer *sotopa,* — krank sein *luala dadada*
Schwere *kusotopa*
Schwert *muele*
Schwester *mhadja mdalla,* meine — *muhadjangu*
Schwiegervater (-sohn u. -tochter) *mganavu,* Schwiegermutter *nahonga*
Schwiele *likavi*
schwierig *kamalla,* schwer finden *tika gnere*
schwimmen *sugira*
Schwindel haben *ona luziungu*
schwinden *punguka,* (Wasser im Teiche, Kochtopf) *serra,* (auftrocknen des Regenwassers) *goma,* (einschrumpfen) *nyalla,* (mager werden) *boma, gomoka,* (Holz) *kallagalla*
Schwindler *mbala,* beschwindeln *bala*
schwingen *zuzia* (tr.)
schwitzen *fuizuka*
schwören (bei) *lirapa, lipanga, lipangira*
Skorpion *chipiriri, chipinini*

sechs *mohano na-mo, mohano ngumu*
See *litanda*
sehen *ona,* sich gegenseitig sehen = gegenüber *onana,* *liona*
Sehne *lugoi, luchiga*
sehnen sich *lihollera,* Sehnsucht *mahollo*
sehr (überaus) *nagaka, titinga*
seicht sein *oma*
seihen *suka*
Seil *lugoi*
sein (pron. poss.) *-kue,* — (verb.) *kua-na, ku-ikaala*
seit *gulawi,* — wann? *mika pachichi? kala ndili? kala pachichi?*
Seite *muambo,* auf dieser — *muambo agu,* auf jener — *muambo ulia*
selbst *ene, eni,* ich — *numuene,* du — *gumuene,* er — *gamuene,* wir — *twawene,* ihr — *muawene,* sie — *wene*
selten *kafua ndiri*
Sesam *mlembeka, mohono*
setzen *tula,* (pflanzen) *yalla (liombo),* sich — *lifuaga*
Seuche *lintengulira*
seufzen *santha*
sichtbar werden *oneka,* (nicht—, unsichtbar sein) *oneka ndiri,* (wenn verloren) *agamira*
sie *ga-* (sing. fem.), *wa-* (plural, tonlos)
Sieb *chikunkuntiru,* sieben *kunkuntha*
sieben (Zahl) *mohano na-wili*
sieden *tereka, pissia* (tr.), *puata, jemuka* (intr.), anfangen zu —, brodeln *dokota*
siegen *poota,* Sieger *mpoota*
sieh da! *gulolle apa!*
singen *imba, winna*
Sitte *ntambu,* schöne — *ntambu iherepa,* schlechte — *ntambu idoda,* alte — *ntambu ya kaala, ntambu ya makachu,* das ist nicht —! *muiku!* was ist das für eine —? *ntambu gani ai?* sittsam sein *maana ntambu*
Sitz *chigota, pakuikaala,* sitzen *lifuaga*
Sklave *manda, wa-,* Sklaverei *umanda*
so *hangu, ina*
sogleich *ullawinno, karakalla*
so — wie *viria — viria*
Sohn (Kind) *muana,* mein Kind *muanangu,* dein — *muanago,* sein — *muanague,* unser — *muanetu,* euer — *muanenu,* ihr — *muanao*
Soldat (Krieger) *munkondua, wan-*
sollen, mit *kullá* oder *ya-nu-pa,* ich soll gehen *nene kulla kugenda*
Sommer (Regenzeit) *chifuko*
sondern *siagulla*
Sonne *mjenche,* sonnenloser Tag, trüber Tag *mahundi*
sorgen (für jemand) *lolla,* (Mutter für das Kind) *hepera*
Sorgfalt entwickeln *chenjera*
sorglos sein *lengama*
Sorte *litongo*
spähen *lingulira, soza*
Späher *msoza*
Spalte *luga*
spalten (Stein, Holz) *salla, pantha,* sich — *salika*
spannen (Bogen) *nika,* (Seil) *kwindika*

sparen *tula uhere*
Sparren (Dach) *lukongho*
spät kommen *kawa, kawia,* (um etwas zu bekommen) *pera hera,* wie — ist es? *mjenche hachi?*
später *mpoli*
spazieren gehen *tianga*
Speer *mgoho,* Speerschaft *lupingiru, luvigu*
Speichel *mate*
Speicher *lichancha*
Speise *chiboga,* (verbotene) *muiko*
Spiegel *chirolero*
spielen *chinniga, zaza,* Kreisel mit der Schnur ablassen *lopolla chissenkesenke,* Kreisel mit den Fingern ablassen *guma nega,* Kreisel mit der Peitsche schlagen *guma nankapira*
spinnen *tipa, guma lubundhu,* Spindel *chakutipira*
Spinne *namkata, chigeyageya,* Gewebe *luavu,* spinnen *jenga*
Spitze (Baum, Nadel) *mperu,* Dach *mgamba*
spitzen *songolla,* spitz sein *kalipa,* spitzes Holz *lukweko*
Spitzmaus *sanji*
Spitzname *lina liedaba*
spotten *igira*
sprechen siehe sagen, geläufig — *daha* (*kutakula*), (unbeholfen — *dadazia,* zusammen — *gnullugnuta*
sprengen (Wasser) *miagira,* (Felsen) *pantha*
Spreu *miswazua*
springen (laufen) *tuga,* (hüpfen) *dalika,* (aufhüpfen) *pingapinga, sumpa,* (zerspringen) *panthika,* (Holz) *salika,* (Mauer) *keukeduka*

sprießen (Bäume) *kontha,* (Saat) *mera,* Sprößling am Baumstumpf *etepu*
spröde sein *nyenuka*
sprühen *alika sesse*
spuken = geistern, da spukt es! *apa pamahoka!*
spülen *gululla*
Spur *lireka, mareka*
Stab *muhumbati*
Stachel (Biene) *luti,* (eiserner) *lukalipa,* (Dorn) *lussontho*
Stachelschwein *sokossi*
Stadt *ukaya*
Stall *ekomera*
Stamm *lukollo, litongo,* Stammesabzeichen *nembo*
stampfen (Mensch, Tanz) *timba,* (Esel) *dokolla,* (Mörser) *twanga,* (Lehm in ein Loch) *didira,* (Fußboden eben stampfen) *pamphantira*
Stange (zum Lasttragen) *mpika*
stark sein *na maaka, na maakakala*
Stärke *maaka, maakakala*
statt *pachikumbo pa-*
Staub (Sand) *linkundi,* (von Blättern) *chissasamy,* stauben *bumuka,* staubig machen *bumulla*
staunen *likangacha*
stechen (durchstechen) *tweza,* (Insekt) *soma,* (Hörner) *tinna*
stehen *goloka,* aufstellen *golozia*
stehlen *iwa*
steigen (hinauf) *kwena,* (hinunter) *suluka*
steil sein *golokera*
Stein *e, libue,* pl. *mabue,* Kochsteine *mafiga,* (Kern) *ngollongollo*
Steißbein *chibulirobuliro*

stellen (setzen) *tula*, (aufstellen) *golozia*, (anlehnen) *agamia*
Stengel (Gras) *lugugu*, (Mais) *chikota*, (Mtama) *luerege*
sterben *fua, hoa*
Stern *ntondo*
Steuer entrichten (Sultan) *chegera kwa mkomkwetu*
Stiefmutter *mao gandera*, Stiefkind *mwana gandera*, Stiefvater *tati gandera*
Stiege *lupagi*
Stiel *chaka*
Stier *mpongo*
still (adj.) *chia*
Stille *uchia, uchia gwa pachira*
stille sein *nyamalla*
stillen *nyamazia*, (säugen) *konkizia*, Durst, Verlangen stillen *nyamazia chao*
Stimme *lizio*, — mutieren *galuka, ralla*
stinken *nunka*
Stirne *cheni*, Stirnband *ejemba*, zorniges Gesicht zeigen *chinningkalla* (sc. *cheni*)
Stock *muhumbati*, Ladestock *luneke*
stöhnen *santha*
stolpern *likwalla*
stolz sein *likwissa*
Stolz *kulikwissa*
stören *anangira*
stoßen (Menschen) *dunkulla*, (Tier) *tuma*, (rückwärts) *dokolla*, (niederstoßen) *kumpha*, (Mörser) *twanga*
Stößel *mussi*
stottern *na chibaba*
strafen *ziatanga*
straff *kamallà*
Straße *epeza*
Strauchbohne *mpangi*
Streit (Wortstreit) *kutakula*
streiten (Worten) *siumbasiumba*, (Krieg, Rauferei) *lisoma*
Streiter *mfungankandi*
streitsüchtig *na lusozia*
strecken *ligololla, linika, liminta*
streng *kali*, — sein *na ukali*
Striemen *lirandamira, kututumuka*
Stroh *tundu ikalagalla*, Strohhütte *uwambo*
Strom *lueni*
Strudel *chiziokotera*
Stück (Baum) *chikokolla*, (in Stücke schneiden, Fleisch) *pega*, Stücke *vipindi*
Stufe *egullu*
Stuhl *chigota*
stumm *bebe, bebi*
stumpf sein *kalipa ndiri, dunkuka, dunyuka*
Sturmwind *liyega*, (blasen) *pupa*
Sturm (zu Wasser) *mawingu*, (Wirbelwind) *chimpiolera*
stützen *golollla*, sich — *likwezia*
suchen *sakulla*
Süden *kuchana*, Norden *kusika*
Sultan *mtua, mkomkwetu, sultani*
summen (einzeln) *bonga*, (Schwarm) *vuma*
Sumpf *edidiga*
Sünde *matozio, zambi* (kisw.)
Suppe (Reis-) *moa*, (Fleisch-) *mhudji, mhudja*
süß sein *noga, liereteka*
Süßkartoffel *liombo, mombo*
Syphilis *msekeneko*, (Geschwüre) *nyambo*, (Hodenschwellung) *chiduku*

# T.

Tabak (großblättrig) *tumbako*, (kleine Pflanze) *chipo*, rauchen, schnupfen *pepa*

tadeln *sindika*

Tag (Zeit) *ejua, ma-, lisiku, ma-*, am Tage *paliwalla*, eines Tages *lijua limonga*, heller Tag *mlungu gapalla*, Mittag *mjenche pakati*, den ganzen Tag *lijua liosere*, tagen, hell werden *langalla*

Tal *luchi*, im Tale *paluchi*, fruchtbare Talsohle *chigoy, vigoi*

Tanzarten 1. Tanz *echintha*, 2. Tanz *manganji*, 3. Tanz *kutiera*

tanzen *winna sambo*

Tanzschmuck der Frauen (Hinterteil) *nkweta*

tapfer *mfungakandi, lissoma nagaka, likangira nagaka*

Tasche *muhako*

Tat *litendo, ma-*

tätowieren *tema nembo*

Tau *mami, mamgami*

taub sein *na mazigo*

Taube (wilde) *njiwa*, (Haustaube) *ngundi*

tauchen (untertauchen tr.) *dinnira, dibira* (intr.), (eintauchen) *chuika*

Taugenichts (Faulenzer) *na essigisigi*

taumeln *tatatika*

Tauschhandel *ukopi, kukopana*

tauschen *kobana*

täuschen *zianga*

Tausendfüßler *egungui, wama-*

Teil *chikokolla*, teilen *bagulla*, austeilen *gawa*, ungebeten teilnehmen am Mahl *ima*

Termite (geflügelt, eßbar) *sua*, pl. *wa-*, (Soldat) *echenkeni*, (Arbeiter) *chitubuli*, (Haufe, Bau) *chissugulu*, weiße Termite *mmehe, wa-*

teuer *pakomu*

Teufel *ehoka*, Kulthöhe *ludewa*

tief *tari*, (Stimme) *siombola*, (Wasser) *genda nagaka kussi*

Tier *nyama*, (Raubzeug) *chigongollo*

Tochter *muana mdalla*

Tod *kufua, kuhoa*

Tomate *mpua*

Ton (Erde) *ukaka*

Topf (Wasser) *fulo*, (Kochtopf) *chiwiga*, (Flechtwerk) *chissero*, Topf unter die Traufe stellen *chinga chiwiga*, Boden des Topfes *matako ga chiwiga*

Töpfer *muumba*, töpfern *umba*

Tor *mpati*, Torheit *upato*

töten *laga, iraga, sinja*, Mörder *mulaga*

träg *puere*, — sein *na upuere*

tragen *jega*, (auf den Schultern) *agala*, (auf dem Rücken) *papa*, (auf dem Kopf) *litwika*, tragend, schwanger sein *na yinda*

Tragbahre *lindangadanga*, tragen auf — *bika na lindangadanga*

Träger *mjega*

Trägheit *upuere*

Träne *lisozi, ma-*, Tränen vergießen *lawa masozi*

Trank *chakunua, chakulanda*

tränken *nuizia, landizia*

Trauer (Trauerklage) *maliro, chivembo*

trauern *liholla, nyamalira,* Toten beklagen *lira chivembo*
träufeln *suma*
träumen *lota, sawa*
treffen *gomba, kangalla,* (Pfeil) *laza,* (Speer) *soma,* (Gewehr) *gomba,* sich treffen *kongana,* fehlen sich zu treffen (begegnen) *lipiziana*
treiben (antreiben) *tugizia,* (Pombe) *lamuka,* (forttreiben) *winga, ingira,* (Blättersprossen) *kontha,* (Blüte) *buma,* (Mtama) *puntha,* (Mais) *tuma,* (Saat) *mera*
trennen *bagula,* auftrennen *totolla,* sich — *bagukana,*
treten, auf etwas *timba*
triefen *zululla*
trillern (Fingerdruck auf Stimmband von außen) *dugulla,* (mit der Zunge vor den Zähnen) *tagalucheka*
trinken *nua, landa,* — lassen *chinga, landizia*
Trinker *mnua ujimbi*
Trinkgefäß *lutekero, luindi*
trocknen *kalagalla, yuma,* es fängt an zu —*yamkukalagalla*
Trog *wato*
Trommel (lange, zwischen den Füßen) *ligoma,* (kurze, an der Brust) *lignumbuli,* trommeln *gomba*
Tropfen *linkotera*
tropfen *suma*
tröpfeln *suma*
trösten (beruhigen) *pepezia, nyamazia*
Trotz *gnanchi*
trotzdem *gnanchi* oder *mgnanchi*
trüben *timbulla* (tr.), trüb sein *timbuka*
trunken werden *kolla*
Tuch (Schamtuch bei Männern) *lupati,* (Schamtuch bei Frauen) *ebena*
tüchtig sein *daha, kangamara*
tun *tenda,* wiederholt — *tenda kuwirawira*
Tür *mulyango,* gegenüber *simu*

# U.

Übel *chikomu, vi-,* übel, schlecht *komu,* übelriechen *nunka,* übel sein (krank) *luala,* einem Übles tun *tenda mundu vidoda*
über *pampindi pa-, kumpindi kwa-,* (betreffs, wegen) *tozia*
überall *pakaya posere*
überaus *nagaka, nagaka titinga*
übereinkommen (Zwist) *chinnana,* (Vertrag) *lagana*
überfallen *sokera*
überfließen *sefuka*
überlaufen (zum Feind) *tirira*
überlegen *holla, kumbukira*
übermorgen *pauchia,* über-übermorgen *palapacha*
übernachten *gonjera*
überraschen *sinsuzia,* Überraschung *kutintuzia*
überreden (in Erinnerung bringen) *sonozia*
überschreiten (Fluß) *loka,* (hinüberschreiten) *pinga*
überschwemmen *mirua*
übersetzen (Fluß) *loka,* (sprachlich) *galamula, galulira* (*chiganchi*)
übersiedeln *hama*

übertreffen *pita, tanthą*
übertreten (Fluß) *sefuka*, (Gebot) *bezia*
überwinden *poota*
übrige = andere *ingi, monga*
übrig sein *sigalla*, - lassen *sigazia*
Ufer *nchechemo*, diesseitiges — *nchechemo ya muambo guno*, jenseitiges — *nchechemo ya muambo gulia*
Uhr, um wieviel? *mjenche pochi?*
*ui, ui* rufen *genda uguta*
umarmen, sich *likiskira*, sich umfassen *likama, likamena*
umdrehen *sieziasiezia*
umfassen *kiskira*
Umfriedung (Haus) *eziezieta*, (Feld) *lugagalla*, - bauen *jenga*
umhergehen *zieta*, umherirren *zietazieta*
umhertasten *bambazia*
umschauen *chinduka*
umsichtig sein *chenjera*
umsonst *hera*
umtauschen *messiana*
Umweg machen *zietazieta*
umwenden *pindula, galamulla, galamullira*, sich — (im Bette) *galullira*
umwerfen *kwizia*, (Kleid) *liavula*
umwinden *tipa*
umzingeln *zieta*
unanständig sein *hera mahalla, hera ntambu*
unbeholfen sprechen *dadazia*
und *na*
uneben sein *kogodalla, pamisimbosimbo*
unfruchtbar sein (Weib) *na mbuda*, (Mann) *na mpendi*
ungefähr *maani*
Ungehorsam *esigisigi*, ungehorsam sein *na esigisigi*
Unglück (schlimmes Vorzeichen) *ulombo*, — bringend, verheißend *na ulombo*
unkeusch sein *mtessi* (Subst.), (ehebrechen) *na utessi*
Unkraut *luani*, — ausjäten *tupulla*
Unrat siehe Schmutz
unreif *dodi*
unreinlich (mor. unrein) *na usso*
unser *-etu*
Unsinn *upati*
unten *pazi*, unter *pazi pa-, kwifungo kwa*
unterbrechen *na angira, anangira*
unterdessen *pa-*
untergehen (Sonne) *tina, chera*, (im Wasser) *liona*, letzte Sonnenstrahlen *magullu ga mjenche*
unterhalten, sich *yowera*
unterlassen *leka*
Unterredung *siumba visoero*
Unterricht *mafundo*
unterrichten *funda*
unterstützen (helfen) *tanga, tangira*, (einander) *tangana*
untersuchen *sindikira*
Untertan *muntemba*
unverletzt sein *ponukua*
unverschämt sein *na makeho, hera zoni*
unverständlich reden *na mgugutalu, na mchintha*
Unwahrheit *videta, vipiota*
Unwille zeigen *lipuelizia*, — etwas zu tun *kulipuelizia*
unwohl *luala*
urbar machen *tumbulla, henga*
Urin *makwezo*, kl. Bedürfnis haben *na makwezo*, urinieren *tunda*
Ursprung (Quelle) *chisullu*, entspringen *na chissullu*
Urwald *luhole*

# V.

Vater *tati*, mein — *usso gwangu*, dein – *ussogo*, sein – *ussogue*, unser — *usso gwetu*, euer — *usso gwenu*, ihr — *usso gwao*
verabscheuen *zira*
verabschieden, sich *liraga*
verachten *kwera*
verändern *pindula*, *galamulla*
verarmen *na mgachu* (*nene na mgachu*)
verbergen *fiffa*, sich — *lififfa*
verbeugen, sich *gongomalla*, *dondomalla*
verbiegen *gogodazia*
verbieten *lewera*, *lemezia*
verbinden *lumba*
Verbot *muiko*, *muiku*, verbotene Speise *chiboga muiko*
verbrennen *lunguzia* (tr.), *lungulira* (intr.)
verderben *olla*, *vunda* (intr.), *ananga* (tr.)
verdienen *ankira na vichuku*
Verdienst *ubaharia*
verdoppeln (Maaß) *jera palapa pagona*, *jera palapa patasi*
verdorren *kalagalla*
verdunkeln *titizia*
verdünnen *hangania*
verehren *kwissa*, *lamsia*, Ahnenkult *kwissa mahoka*
vererben *hazia*
verfallen *tenguka*
verfaulen *olla*
verfehlen *siokera*, (Ziel) *pita kwingi*, sich — *tozia*
verfinstern (Wolken) *wina*, sich — *tita*
verfluchen *panga*
verführen *ingizia kwingi*
vergeben *ussirira*
vergeblich *hera*
vergessen *lialua*
vergießen *ita*
vergeuden *assanga*
vergelten (rächen) *uzia*, einem etwas — *uzirira*
Vergnügen *kunemerera*
verhängen, sich (sc. Gegenstand) *patira*, *remerera*
Verhau *lugagalla*
verhindern *chigira*
verhungern *fua na njalla*
verirren, sich *siokera*
verjagen *winga*
verkaufen *kopera*
verklagen *nenera*
verkosten *laulira*
verkrüppelt sein *na chirema*
verkünden *gambira*, *kantha*
verkürzen *sigulla*
verlachen *seka*, *dabira*
Verlangen *chao*, verlangen *fira*, (Guthaben) *chonga*, (ungestüm) *tugizia*
verlassen *leka*, verlassene Ortschaft *mahundi*
verletzen *tenda* (tr.), *litenda*
verleugnen *bera*
verleumden *badja*
verlieren *assa*, *agamira*, sich — auf der Reise *tialla*
verloben (nur vom Manne) *yuga*, freien *sanja*
verloren gehen *agamira*
vermehren *ongera*
vermeiden *leka*, (Speise oder schädliche Dinge) *zira*
vermindern *sapulla*, *pungulla* (tr.), *punguka* (intr.)
vermischen *hangania*, *hangira*
Vermögen *chuma*

vermögen *daha*
verputzen (Lehm) *tierema ludapaka*
verrammeln *kwissa*
verraten *paira, takulira, na mpaya, mtakulira*
verrenken *ponkotoka* (intr.), *ponkotolla* (tr.)
verrückt sein *na lukwali*
versammeln *kungania*, sich — *likungania*
Versammlung *kungania, ckilukuta, epinga*
versäumen *poota*
verschaffen (für jemand) *jegera*
verscheuchen *winga*
verschieden (anders) *monga, ingi*
verschlagen sein *maanika ndiri*
verschmähen *bera, lema*
verschütten *tenguila*
verschwägert durch *mlamu*
verschweigen *fiffa*
verschwenden *assanga*
verschwiegen sein *limaanizia ndiri*
verschwinden (Sonne) *ligubika*, (Sachen) *agamira*, (leb. Wesen) *lififfa*
versenken *tugulira*
versinken *gubuga*
versöhnen (mit Opfer die Geister) *higa*, (durch Worte) *siumbasiumba*, (beruhigen) *pepezia*, sich — *lihiga muene*
verspäten, sich *kawa, pera hera*
verspotten *igira, igiranga*
versprechen *laga*, (eidl.) *lirapa*
Verstand *mahalla*
verstehen *pirikana, vimaana*
verstecken *fiffa, bada*
verstellen (Subst.) *mabala*
verstopfen *diwa*, Verstopfung haben *tatira kuntundhu, diwira* oder *funga nkali kugenda kutundhu*
Verstorbenen (Leichnam) *mtugullu*
Versuch machen *jera*
versuchen (probieren) *gazia*, (verkosten) *laulira*, Versuchung bereiten *ingizia kwingi*
versüßen *nogizia*
verstreuen *muaga*
vertauschen *siana, messiana*
verteilen *gawa, gawana*, brechen und — *mega*
verteidigen *chenjera, lichenjera*, vor Gericht *takulira, tangira*, Verteidiger, Zeuge für *mlembi*
Vertiefung *lirindi*
vertilgen *ussia nagaka*
Vertrag schließen *lagana*
vertrauen *berera*
vertrocknen *kalagalla*
verunreinigen *timbulla*, schmutzig sein *na lintimbulla*
Verwandter *mlongo, wa-*, Verwandschaft *lukollo, ulongo*
verweigern *lema*, (in Abrede stellen) *bera*
verweilen *ikaala, kawa, kawia*
verweisen *sindika*
verwelken *nyalla*
verwerfen *assa nakamu*, (Frühgeburt) *yinda iuka*, (das Frühgeborene) *ntengo*
verwickeln *fundikira*, sich — *lifundikira*
verwunden *tenda*
verwundern *likangacha*
verwünschen *panga, duma*
verzaubern *loga*
verzäunen *zietazieta*
verzehren *lia*
verzeihen *lekera, ussirira*

verziehen (fortziehen) *hama*, (zögern) *kawa*
verzieren *njauwa*
Vetter *tati*, Base *mao*
Vieh *nyama, ngnombe*
viel *vua*, *tangalla*, nicht — *dididi*, — sein *mema*, *olla*, wie —? *inga?*
vielleicht *maani- ma*
vier *mcheche*
Viertel (vorderes) *chioko*, (hinteres) *chigullu*
Vogel *mpongo*, pl. *wampongo*, Vogelkäfig *etenga*, Vogelleim *unkomi*, Vogelnest *chifulu*
Vogelarten: 1. kleine Singvögel: *chilikwindha, namlisesse, ntagalla, namlihiru, nalukonga, chimimbi, ekoma, mtetehangu, etagataga, chilibalio, nkonchogole, viukuku, namlirungi, msallakonji, namatolo, namayengere, naupiu, ekolokoto, ekonjamafi, nepitu, kwezy, eserasera, ebindabinda, chibindulatali, ekollolia, muigi, liangulankuyu, mpuera, nkonkontha* (Specht), *epondaliuma* u. a. m.; 2. große Vögel: *mkamakama, namhoy, lussole, njiwa, etipitipi, liembera, chissempho, nankolongo, erombamiti* u. a. m.
voll sein *mema*, (ganz) *sefuka*, (halb) *mema essinda*
vollenden *malira*, vollkommen machen *malira nanaga*
Vollmond *muezi mkullu*, es ist — *muezi gwamballa*
von (Passiv) durch Aktiv
von — bis *kulawa*, *kufika*
vom, auf die Frage woher kommst du, mit *m-* vor Infinitiv, z. B. ich komme vom ackern *ndawa mkulima*
vor (zeitl. u. örtl.) *korongollo*, *kulongollo*
voraus *kulongollo kwa-*, vorausgehen *longolera*, *genda tako*
voraussagen *kazia hera*
vorbeigehen *pita*, aneinander —, sich verfehlen zu treffen *lipiziana*
vorbereiten *nyauwa*
vorder *-a korongollo*
Vorderlader *huti gwa fataki*
Vorfahren *wakullu wagona*
Vorgesetzter *mkullu*
vorgestern *machana*, *majuchi*, vor-vorgestern *pakwandi*
vorhanden sein *ikaala apa*, viel, reichlich — (selbst von Menschen gebraucht) *olla*
vorladen (Gericht) *chema*
vorne *longollo*, nach — *kulongollo*
vornüberbeugen *fulama*
Vorrat haben *litanda*
Vorraum im Hause *pachitalla*
Vorsatz *kufira*
Vorschein, zum — kommen *oneka*
Vorschrift *mirandu*, *amri* (kisw.)
vorsichtig sein *ikaala uhere*
vorwärts *kulongollo*

# W.

Wache halten *lollera*, *lindira*, *chenjera*
Wachs *mikambi*
wachsam sein *chenjera*
wachsen (Mensch) *kula*, (Pflanze) *mera*

Wächter *mlollera, mlindira, mchenjera*
wackeln *tikita*
Wade *nankadullu, wana-, nakachida, wana-*
wagen *kangamalla*
wählen (Sachen) *siagulla,* (Leute) *bagulla*
wahr *nagaka*
wahrlich *nagaka,* wahr reden *takula nagaka*
während *pa-*
Waise *mchiwa*
Wald (dichter —, Hochwald) *upunguti,* (Unterholz) *chigonera*
Wall *etuhe, lidoe*
wälzen *kwikulla,* (sich) *kunkuka*
Wampunga *Wamachontha*
Wand (Stirn- und Rückwand) *egogollo,* (Querwand) *chipampha*
Wange *lusaya,* auf der Wange liegen *sagama,* nachmittags *mjenche gusagama*
wann? *djua gani? ndii?* In Temporalsätzen *pa-*
Wanze *nkunguni, herema*
warm sein *pyupa,* (sehr) *hemuka*
wärmen, sich *ota*
warten *hepa,* ab— *hepera,* lange — *hepa kutoka,* habe lange gewartet *nhepa ntoka*
Wärter *mhepera*
waschen (Hände) *nawa,* (Füße) *gulullu,* (Kleid) *puta,* (Körper) *oga*
was? *chichi? chi?* was für ein? *gani?* bei Substantiv, welcher? was ist das? *chichi achi?*
Wasser *maji,* — schöpfen, holen *nega, teka*
Wasserkartoffel (Blätter) *ebche* (Knollen) *mahimbi*
Wasserbock *ndogoro*
Wasserfall *mputu*
Wasserjungfer *ntutumbi*
Wasserläufer *ncherachera*
Wasserplatz *enegu*
Wasserratte *ndezi*
Wassertopf *evullu*
Wasservogel *mpongo gwa maji*
wechseln *galulira*
wedeln (mit dem Schweif) *tieratiera,* (Insekten abwehren) *wingira*
weder — noch durch zweifache Negation
Weg *njira,* auf dem Wege *panjira,* quer über dem — sein *pingika,* geh deines Weges *su gende!* Wegzehrung *mpako*
wegen *tozia, na-, kwa-* des— *tozia ai*
wehe! *ai!*
weheklagen *lira*
wehetun *tama,* (intr.) *tenda,* (tr.) sich *litenda*
wehen *pupa*
Weib *mdalla,* 1. Weib *nahota,* Nebenweib *chipali,* Greisin *ekollo,* —, dessen Kinder stets sterben *mgumba,* —, dessen Kinder alle aufkommen *na mbereka*
weiblich *edalla,* männlich *epallu*
weich sein *nama*
weiden *lindira, dima* (tr.), *liira* (intr.)
weigern *lema, bera*
Weihrauch *lubani*
weil *tozia*
Weile *padidi*
weilen *ikaala, kawa*
weinen *lilira, lira, lawa masozi*
Weisheitswinkel (Schläfen) *masoma*

weise sein *na mahalla*
weisen *langulira,* von sich — *winga*
weiß *-eru* (*neru, cheru*)
weit *tari*
welcher? *gani?*
Welle *uwingu,* Wellen schlagen *puta mawingu*
welken *yuma, kalagalla*
Wels *mboto,* pl. *wam-*
Welt *mlima gosere*
wenig (Größe) *dididi,* mit *tu-* ein —, ein — Mais *tuyani*
wenigstens *temera*
wenn (Konditional) *pa-, hangu, guoni*
wer? *gani?*
werben (freien) *sanja*
werfen (fort-) *assa, assanga,* (in bestimmter Richtung) *guma,* (gebären) *iula,* einen bewerfen *gumira*
Werg *ubundhu*
Werk *chichuka, vichuku*
Wert *ntambu, ukopi*
Wesen *kuikaala*
Wespe *chipanga*
Westen *kuguzietera mjenche*
Wette *malikakatalo, malimbo,* um die — laufen *likakatalla,* wetten *limbana*
wetzen *kua*
wichtig *kullu*
Widder *mpongo*
Widerhaken *lino*
widerhallen *ligomba*
Widerstand *mgugutallu,* — leisten *gugutalla*
wie? *ntambu gani?*
wie, gleichwie *heraga* = *hera gambira*
wie gehts *kugulawiti kwa kanoga?*
wieder *kawili*
wiederholen durch *kawili*
wiederkauen *sindulla*
Wild *vinyama*
wild *kali,* scheu *tetema, ona lioga*
Wildente *ewata*
Wildkatze *siuzi*
Wildschwein *mtumbi, ngubi, mpangu*
Wildtaube *njiwa*
Wille *lufira*
Wind *mpepo, chimpepera,* Windstille *mpepo ndiri*
winden (auf-) *nyengera,* (Fluß) *nyongoka,* (Schlange) *lipindapinda, pezera*
Winkel *chikunkullu*
winken *kupira*
Winter *chavu*
wir (unbetont) *tu,* (betont) *twenga*
Wirbelwind *chimpiolera,* wirbeln *piolera*
wirklich *nagaka*
wissen *maana,* — lassen *maanizia,* ich weiß nicht ob *maani, -ma*
Witwe *mchancho*
Witz *edaba*
wo? *kochi? ko?* wo bist du? *gwenga gwa kochi?* mit Klassenpräfix bei Nomina *-ochi?*
Wöchnerin *chali*
woher? *kochi? ko?*
wohin? *kochi? ko?*
wohl (heil) *na mkomu*
Wohlgeruch *manukiro*
wohlriechen *nunkira*
Wohltat erweisen *tendera manemu, tendera viherepa*
wohnen *ikaala*
Wolf *chiria ngolloka*
Wolke *likussi, ma-,* es bilden sich Wolken *mlungu gawinna*

Wolle (Tierhaare) *mibaha*
wollen *fira*, nicht — *lema, bera*
worfeln *peta*
Wort *chisoero*
wozu? *kwa chichi?*
wuchern *ongerera*
Wunde (große) *eronda, lironda*, (kleine) *chironda*, ein mit Wunden bedeckter *chamironda*, ganz wund (Schlägen) *na mawanga*, Wundmal *nkoi*
wundern, sich *likangacha*
Wunsch *lifiro*
wünschen *fira*
würdig *mundu gwa* (*kupa*)
würgen *kolerera*
Wurm (Regenwurm) *nauntombi*, (im Leib) *msangu*
Wurzel *luchiga*
würzen *nogozia*
Wüste *ntundhu*

## Z.

Zahlen *lipa*
zählen *wallanga, assia*
zahlreich *tangalla, vua*
Zahn *lino*, pl. *meno*, Stock— *nanchegu*, Weisheits— *muenekumbi*, Augen— *sangambuyi*, Schneide— *paulungi*, —lücke *ebaga*, —fleisch *ufizu*, verwachsene Zähne *na mangovi*, Zähne putzen *kua meno*, Zähne zuspitzen *sanga meno, konolla meno*, Zähne ausziehen *tupulla meno*, ersten Zähne schießen (tr.) *mezia meno*, ersten Zähne kommen *mera meno*, Zahnweh haben *na nachegu*, ausbrechen *gnonoka*, faulen *olla*, ausziehen *kula meno*, mit den Zähnen festhalten *luma meno*, fletschen *senna meno kekerege, leka meno kekerege*, Mittel gegen Zahnweh *mgota gwa nanchegu*, Zahnbürste *mzuagi*
zahm *na nama*
zähmen *fuga*
Zange *chibatiro*
Zank *takula*
zanken *siumbasiumba*
Zapfen *chidiu*
zappeln *tiegnena*
zart sein *tirebukira*
Zauberei *uganga*, Zauberer *mganga*
zaubern *loga*
Zaun *eziezieta*
Zebra *mpunda*, Mähne *essessenge*
Zecke (Hunde) *nkoko, funduko* = *papazi*
Zehe *challa cha magullu*, (große) *ligumba*, (kleine) *chananonki*
zehn *chumi, butu, lirongo, ma-*
Zeichen *kumaanikira*, böses — *malombo*, ein — geben *pa mpinga*
zeichnen *lemba*
zeigen *langulira*
Zeit (Zeiten) *madjua*
Zeiten, vor — *kala, makachu*, zur Zeit von *masiku galii ga-*
Zelt *hema*, — aufstellen *wamba*, — abbrechen *tengulla*
zerbrechen (Holz) *bena, benanga*, (tr.), *beneka*, (intr.) (Glas, Stein) *pantha, panthika* (intr.)
zerdrücken *pechulla*

zerfließen *lembuka*
zergehen *lembuka*
zerfallen *muagika*, (einfallen) *bomoka*
zerkratzen *aganga*
zerplatzen s. platzen
zerreiben (mahlen) *siaga*, (Asche) *buluga*
zerreißen *dega*, *deganga* (tr.), (alt werden) *donokangika*, (Kleid) *sakala*, in zwei Stücke gehen *kutuka*
zerren *dandazia*
zerschlagen *panthanga*
zerschmettern *panthanga*
zerstampfen *timbanga*
zerstören *ananga*, zerstört werden *anangika*, verfallen (Haus) *magula*
zerstoßen *twanga*
zerstreuen *bagukana*
zertreten (Feld) *timbanga*, (zerreiben) *sioga*
Zeuge *msenga*, als — anrufen *chema*
Zickzack *misalalira*, *vidiengudiengu*, — machen *salanga*
Ziege *mene*, *wa-*, *mbuzi*
ziehen *nika*
zielen *linga*, *tawika*, *pangika*
Zikade *nchenyenye*, *mchezi*
Zimmerdecke *ekani*, es ist auf der — *kuikaniko*, Zimmer *kunumpakati*, er ist im Zimmer *kunumpakatiko*
Zimmermann *fundi gwa kusongolla*
Zipfel *essepe*
zittern *tetema*, nervöses Zittern der Augenlider *uduguda*
zögern *kawa*
Zorn *maya*
zu *ku-*, *kwa*, allzu *nagaka*, *titinga*
zubereiten (Speise) *nyauwa*
Zucht (Anstand) *ntambu*
züchtigen *koma*
zucken *na uduguda*
Zuckerrohr *mgua*, *mi-*
zubinden s. binden
zudecken s. bedecken
zudrücken (Augen) *uzirira masso*
zuerst *kwanja*, *katasi*
zufallen *betuka*
Zuflucht nehmen *tirira*
zugeben *jimira*
zugleich *pamuhera*
zukleben *mata*
Zukost *ekollo*
zulehnen *pujika*
zuletzt *kuntengu*
zumachen (Grube) *fintira*
Zündhütchen *fataki*
zurichten (Holz) *songolla*
zurück *kumberi*, —bleiben (im Wachstum) *gutira*, —bringen *uzia*, —geben *uzia*, —gehen (Dicke des Leibes) *pua*, —halten (abhalten) *kollera*, —kehren *uya*, *liwira*, (Fluß) *sera*, —lassen *leka kumberi*, (vererben) *leka*, *hazia*
zurüsten (zur Reise) *linyauwa*
zusammen *pamuhera*, —binden *tawa*, —falten *kussa*, —fließen *kongana*
Zusammenfluß *komangano*
zusammenhängen *anikira lukongho*, —kleben *tieremeka*, —knüpfen *fundikira*, —kommen *kongana*, —legen *kussa*, —reihen (Perlen) *tunga*, —rufen *chema*, —schrumpfen *nyalla*, *boma*, —stoßen *ligumbulana*, —treiben *kungania*, —wachsen *lumbana*, —wickeln *bega*, —zählen *wallanga*

zusenden *chegera*, *tuma*
Zuspeise *likollo*
zustopfen *diwira*, *diwa*
zuvor *huti*
zuwerfen *gugumira*, (Grube) *fintira*
zuwinken *kupira*
zwanzig *marongo mawilo*
zwei *wili*, ein zweites Mal *kai*
Zweig *litambi*
Zwerchfell *lupalla*
Zwerg *chinkulinkuli*
Zwergantilope *fembe*
zwicken *tona*
Zwillinge *mawira*
zwingen (physisch) *gnanganika*, (moralisch) *tetemezia*
zwischen *pakati pa*

# Chipogoro-Deutsch.

## A.

*aa!* Ausdruck der Verwunderung
*abudu* anbeten
*achi* dieses (*chi-*, *vi*-Klasse)
*aga* (tr.) einen, etwas kratzen (Vogel), Inf. *kaga*
*agalla* auf den Schultern tragen
*agama* sich mit dem Rücken anlehnen
*agamia*, *agamizia* (tr.), etwas anlehnen
*agamira* (intr.) verlieren, verloren gehen, verschwinden (Sachen), — *mahalla* betäubt, bewußtlos werden
*agamizia* zugrunde richten, — *mahalla* betäuben, bewußtlos machen
*agana* zerkratzen
*agika* sich ausbreiten (verbreiten), verstreut daliegen
*agira* gefallen
*ai!* wehe! ach!
*aka* brennen, lodern (intr.)
*akazulla* den Faden, Strick abwickeln, Matte auseinander rollen, auseinander ziehen
*ako*, *aku* dort (in der Nähe)
*alama* erste Menstruation haben
*alamira* brüten, ausbrüten, die Jungen schützen (Henne)
*alika* ausbreiten (tr., Teppich, v. Feuer), *-ssesse* Funken sprühen
*alla* scheinen (v. d. Sonne u. Mond)
*amba* aufspannen (Haut)
*ambuka* eilen
*ananga* beschädigen, zerstören, verderben
*anangika* zerstört werden, zerfallen, schmutzig, zèrrissen werden (Kleid)
*anangira* stören, zerstören, verderben. (tr.) unterbrechen bei der Arbeit, störend eingreifen (Jagd)
*andulla* schälen, abschälen
*anga* aufspannen (Regenschirm)
*angulla* aushöhlen (Mörser), Kochtopf auskratzen
*anikira* in die Sonne hängen z. Trocknen, Lüften, *-madjani* Mais zum Trocknen aufhängen, — *lukongo* in einer Linie aufhängen
*anja* anfangen, beginnen, — *makondo* sich empören, Krieg anfangen
*anka* annehmen, empfangen, bekommen, (zugewofenen Gegenstand) auffangen, nach etwas schnappen, eine Eigenschaft ererben, — *chitongi* Anteil erhalten, teilnehmen
*ankana* (sc. *chichuku*) ablösen, abwechseln beim Tragen einer Last, im Dienst, einem die Last abnehmen

*ankira* reichen, hinreichen, hinlangen, — *na vichuku* verdienen
*ankulla* antworten, erwidern
*apa* hier, da
*apa, apanga* pflücken, abpflücken (Früchte vom Baum, Blumen, Melonen)
*apira* grasen, weiden (intr.)
*assa, assanga* abschütteln, fortwerfen, hinwerfen, hinauswerfen, — *nakamu* ganz fortwerfen, — *chichamu* die ersten Maiskolben ins Pori werfen
*assanga* verschwenden, vergeuden
*assira pazi* niederwerfen
*avia* Honig ausnehmen, hineinlangen, um herauszuholen
*ayu* dieser, diese, dieses (v. leb. Wesen)
*ayuayu* ebenderselbe (v. leb. Wesen)
*azama* Mund öffnen

## B.

*babantira* Lehmboden stampfen
*babantiranga* Lehmboden feststampfen
*babatalla* eckig sein
*bada* verstecken, Geheimnis anvertrauen
*badja* verleumden
*bagukana* scheiden, sich verabschieden, sich trennen, sich zerstreuen
*bagulla* wählen, scheiden, trennen, aussondern, auslesen, ausscheiden, in Teile teilen
*bagullanga* auswählen
*baka* satt werden, genesen, sich besser befinden (mit schwacher Form des Präsens)
*bakulla* niederschlagen
*bakulla* Aufstoßen v. Magen haben
*baladjula* Zeuge sein, Zeugnis ablegen
*bam* = *bambu* Herr
*bambazia* umhertasten (im Finstern)
*bandi* Ohrfeige
*bandika* flicken (Kleid)
*bandikanga* gut flicken
*banduka* aufgehen, sich öffnen (v. Verband)
*bandulla* die Wunde aufreißen
*bandullanga* die Wunde ganz aufreißen
*banira* klemmen, quetschen
*baniranga* stark klemmen, quetschen
*bantha* mit d. Füßen auftreten
*banthanga* fest mit d. Füßen auftreten
*bata* halten, festhalten, packen, fangen, fassen, d. Hand erwischen, erreichen, sich bemächtigen
*batira* Schlag auffangen, Streitende beruhigen
*baula mbao* Brennholz hauen
*bawa* graben (Loch), ausgraben (Kartoffeln, Mais), umgraben (mit d. Hacke)
*bawira* begraben (Mensch u. Tier)
*bebe* ein Stummer
*bena* brechen, abbrechen (tr.), — *madjani* einigen Mais abbrechen

*benanga* umbrechen, — *madjani* das Maisfeld abernten
*benangika* schwach werden, Kräfte verlieren
*bendera* Fahne, Flagge
*beneka* brechen, abbrechen (intr.)
*beneka* schwer schleppen (Last), zusammenbrechen
*benezia* lästig fallen, durch Bitten ermüden (tr.)
*bera* leugnen, ableugnen, verleugnen, in Abrede stellen, verschmähen
*beranga* durchaus leugnen
*berezia* zum Leugnen veranlassen
*betuka* zufallen (Falle)
*betulla* Falle abstellen
*beya* Feldmaus
*bezia* abhalten (v. Streit), nicht lassen, die Erlaubnis verweigern, — *visoero* Gebot brechen, übertreten
*biga* aufrollen, zusammenrollen, zusammenlegen (Teppich, Kleid), zusammenwickeln, falten
*bintha* eheliche Treue brechen wollen, den Mann verlassen
*bobotera* meckern (Ziege)
*bodoka* Scharten bekommen
*boga* niedertreten, zertreten (Feld)
*boma, bomanga* einschrumpfen (Holz, Gummi, nicht von Stoffen)
*bomoka* einstürzen, zerfallen
*bomokanga* ganz einstürzen, zerfallen
*bomolla* einreißen, niederreißen, zerstören
*bomollanga* ganz einreißen, niederreißen, zerstören
*bonga* summen, brummen (einzeln)
*boota* bellen
*bootanga* stark, anhaltend bellen
*buendulla* aufblasen
*buma* ausschlagen, knospen, blühen, treiben, Trieb haben (Blumen, Bäume)
*buntha* niederwerfen, schmeißen (Ringen)

# C.

*chaka,* pl. *vyaka,* Jahr, *chakachi* in diesem Jahr, *chaka cha pambele* im vergang. Jahr, — *cha palongollo* im kommenden Jahr, *viperi vyaka mcheche* nach 4 Jahren, *viperi vyaka mohano* nach 5 Jahren
*chaka, vy-* Jembenstiel, Speerschaft (Holz)
*chakufungulira* Schlüssel
*chakunua* Getränk
*chakutipira* Spindel
*chali* Wöchnerin
*challa* Finger, — *cha magullu* Zehe, — *cha ligumba* große Zehe, — *chananonki* kleine Zehe
*chalula* zweite Saat des Mais
*chambo* Köder
*chana* kleines Kind, Säugling, — *cha nkuku* Küchlein, — *nonki,* — *nperu* kleiner Finger
*chao* Durst, Begierde, Lust, Verlangen nach, *cha*
*chasiai* neu, von jetzt
*chasiambi* neu, von jetzt

*chavu* Schluß der großen Regenzeit
*chechema* nicht mehr frisch sein, sauer sein, verderben (von Getränken)
*chegera* senden, Auftrag geben, befehlen
*chema* rufen, nennen
*chemanga* stark, laut, anhaltend rufen •
*chemera muambo* beiseite rufen
*cheni* Angesicht, — *chanja chiwimbi* runzelig werden (Gesicht), — *wa chibulumua* rund sein (Gesicht)
*chenjera* wachen, wachsam sein, bewachen, behüten
*chenjera hera* nicht schlafen können, schlaflos sein
*chia* licht, hell werden, aufgehen (Sonne), Morgendämmerung
*chiahoga*, pl. *vi-*, *mi-*, *ma-*, Tiergang in der Erde
*na chibaba* stottern, Stotterer
*chibadaga* Rind mit herabhängenden Hörnern
*chibatiro* Zunge
*chibavu* Lenden
*chibiki* Baumstumpf, Pfahl
*chibiriti* Schwefel
*chiboga* Essen, Kost, Kraut
*chibolo cha mioka* rote Eidechse
*chibonga* Keule, Knüttel
*chibulirobuliro* Steißbein
*chichenche* Ring am Finger
*chichi?* was? *kwa chichi?* warum?
*chichima* Abscheu ausdrücken durch die Mienen
*chichio* Scherbe
*chicholi* Haarschopf über der Stirne
*chichuku* Arbeit, Geschäft, Werk, Handwerk, Angelegenheit, Amt
*chidiu* Pfropfen, Zapfen
*chidjangadjanga* Pfeffer
*chidjimba* Netz zum Fischen
*chidjinchu* Insel
*chidoda* schmutzig, unsittlich, übel
*chidugudugu* Beute, Hügel
*chidumu* geschmolzenes Eisen
*chifimbo* Griff am Messer
*chifionko* Schönheitsgrübchen im Gesicht
*chifu* Küche, Kochplatz, *pachifua* Brust
*chifuko* erste Regenzeit
*na chifula* nackt sein
*chifundo* Knoten
*chifungi* Bündel
*chifungo* Knopf (am Kleid)
*chifunji* Faust
*chifupa* Knochen
*chifuzeze* Nasenhaare
*chigage* verkümmerter Maisstengel
*chigeyageya* Spinne (giftig)
*chigira, chigirira* fernhalten, schützen, hemmen, verhindern
*chigodigodi* Augapfel
*chigogo* Abort
*chigoli* rote Eidechse
*chigonera* Dickicht, Wald mit Unterholz
*chigongo* kleiner Berg, Buckel, Höcker
*na chigongo* bucklig sein
*chigongollo* Raubtier
*chigota* Stuhl
*chigota* verkümmerter Maisstengel
*chigoy, vi-* fruchtbare Talsohle
*chigubiko* Deckel
*chihazi* Epilepsie

*chihege* tiefer Korb
*chihigahiga* Erdbeben
*chihimbi* Messer
*chihonjo* Knochen
*chijeka* Angel
*chikaka* Angel
*chikalafulu* graue Schlange (nicht giftig)
*chikamala* Hindernis
*chikambako* Kühnheit, kühn
*chikamia* Mundhöhle
*chikautari* Quadrat
*chikita* sägen, quer über einen Gegenstand reiben
*chikokolla* Scheibe (von Kartoffeln etc.), Stück, Teil
*chikokollo* Hölzchen (flach)
*chikolollo* Auswurf des Mundes
*chikombe cha ligi* Eierschale
*chikomphi* Eierschale
*chikomu, vi-* Übel
*chikonga* Rüssel des Elefanten
*chikongollo* Insekt
*chikopa* Schild
*chikozi* Melonenflasche, Kürbiskrug
*chikunkuti* leerer Maiskolben
*chikunkuntiru* Seier, Sieb
*chikutu* harte Exkremente
*chikuyu* Rindenzeug
*chikwatalla, vi-* Sandalen, Schuhe
*chikwimbi* Runzel, Falte auf der Stirn
*chikwissiru* Riegel
*chilao* morgen
*chilikwintha* Vogel der Stieglitzart
*chimage* Messer
*chimamanda* geflochtene Schachtel
*chimata* rote Negerhirse (auf d. Bergen gebaut)
*chimberembere* rückwärts
*chimihi* Abend, *pachimihi* am Abend
*chimika* Speer, Baum aufrecht in die Erde setzen
*chimuka* scherzen
*chinchalinchali* Rattel
*chinda* Färse (Rind)
*chinda* Flüssiges eingeben
*chindollo* Batate, weißes gezacktes Blatt
*chindollo* Ring am Finger
*chindu* Sache, Ding, Angelegenheit, Etwas
*chinduka* umschauen, herumsehen
*chinga* trinken lassen
*chinga, chiwiga* Topf unter Regentraufe stellen
*chingengezana* Schellchen
*chingira* schützen
*chingutinguti* Art Violine
*chingwangullu* Kruste im Topf
*chinkozi* Fliege
*chinkulinkuli* Zwerg
*chinkumbi* Schildkröte
*chinkwato* Schale über dem Kern
*chinna uganja* Freundschaft schließen
*chinnana* Frieden halten, sich aussöhnen
*chinniga* necken, spielen
*chinnigira* grausam sein
*chinnizia* aussöhnen, versöhnen, zum Vergleich bringen
*chintha* Reis in Sauce eintauchen
*chinufi* Hornisse
*chinyakayaka* Stofflappen, Fetzen
*chioko* Vorderschenkel bei Tieren
*chiombo* Rindenzeug

*chipaga* Klaue, Huf, Fußsohle der Tiere
*chipagalla* Dachstuhl
*chipaki* Hornschale, Hirnschale
*chipalati* Horn zum Blasen
*chipali* Kebsweib
*chipampha* Mauer, Querwand
*chipanga* gelbe Bremse, Wespe
*chipinda* Sack aus Baumrinde
*chipinga cha njuki* Bienenschwarm
*chipoloma* Gewehrkugel
*chipolopolo* Blei, Bleikugel
*chipongo* männliche Färse
*chipulputua* Schmetterling
*chiramba* Kamm des Hahnes
*chirefu* Kinn
*chirema, na* verkrüppelt sein
*chirembe* Turban, Mütze
*chiria ngolloka* wilder Hund, Wolfshund
*chiriga* einreiben, einsalben
*chirigirigi* Eidotter
*chirilolle* Glas
*chiriru* Schüssel aus Ton
*chirollero* Spiegel
*chironda* kleine Wunde
*chiru* Nacht, *pachiru* nachts
*chirumiko* Schröpfhorn
*chisanka* geflocht. Bündel für Hülsenfrüchte
*chisasamy* Staub (von Blättern)
*chisenkesenke* Schellen (aus Früchten) an den Füßen
*chisoero* Wort, Gebot
*chisogo* Scheitel
*chizokuno* Ferse
*chissanka* Hühnerkorb
*chisseke* Dickdarm, Magen
*chissero* flacher, weiter Korb
*chisseru* Schüssel (Flechtwerk)
*chissokunu* Ellbogen
*chissu, na* einäugig sein
*chissuguli* Termitenbau
*chissullu* Quelle, Ursprung, *na* — Ursprung haben
*chissy* Finsternis
*chitabu* Buch
*chitala* zwischen, Eintrittsraum im Hause
*chitamba* Rist des Fußes
*chitambiko* tiefer Korb
*chitamu chikomu* peinliche, schlimme Sache, unangenehme Geschichte
*chitandawala* tiefer Korb
*chitindi* starker Draht (um den Arm)
*chitongi* Teil, Anteil, — *cha nyama* Fleischstück
*chitubuli* Arbeitstermite
*chitukullu* Hühnerstall
*chitukuta* Versammlung
*chitundiro* Harnblase
*chitunu* schwarze Eidechse
*chitutuliro* Kamm (z. Kämmen)
*chiumbi* Form, Gestalt
*chiwimbo* Geschwulst
*chivulu* Vogelnest
*chivumbo* Geschöpf
*chiwegere* Honigdachs
*chiwembo* Trauer, Leichentuch
*chiwembo, lira* trauern
*chiwiga* Kochtopf
*chiwissi* Kürbis, Melone
*chizerengetu* Kreis, Krone
*chizirika* Epilepsie, *na* — Epilepsie-Anfall bekommen
*chizissy* Schatten, Seelen der Verstorbenen
*chombi* Kornwurm
*chonga* fordern (Guthaben)
*chua* abreiben
*chuki* Honig
*chuma* Eisen, Vermögen, Eigentum

# D.

*daba* beleidigen, über einen Witze machen, witzeln
*dabira* beschimpfen
*dadazia* unbeholfen sprechen
*daha* können, vermögen, verstehen, tüchtig sein
*daha kutakula* geläufig reden
*daira* erbitten, für einen um etwas bitten
*dalika* hüpfen, aufhüpfen, springen
*dama* brüllen (Rind)
*dandazia* zerren
*dasi* austreten *ad maj.*
*daula* erzählen
*dauwa* abschälen, abreißen
*dedeka* um Gnade flehen, einem schön tun
*dega* auseinander reißen
*deganga* ganz zerreißen
*deka* sich erbrechen
*denya* ein Auge zudrücken
*deta* lügen
*dibira* untertauchen (intr.)
*dididi* (adj.) klein, dünn, fein, unbedeutend, schmal, gering, hoch (v. d. Stimme), niedrig (v. Wasserstand)
*didira* Lehm in ein Loch stampfen
*diengulira* hinschielen auf etwas
*dindira* saftig sein, schwellen v. Saft
*dinkha* ringen (Spiel), aufhüpfen
*dinnira* tauchen, eintauchen (tr.)
*dinniranga* untertauchen (tr.)
*diwa* hindern, verstopfen, Flasche, Loch zustopfen, absperren, Weg versperren
*diwira* Verstopfung haben
*diwira lirindi* Loch im Boden zudecken
*djamulla* schimpfen, ausschimpfen
*djereka, djerekera* aufeinander legen
*doda* ganz beflecken, beschmutzen, (adj.) schlecht, schmutzig
*dodi* unreif
*dodozia* beflecken (Kleid)
*dokolla* mit d. Fuß, Huf ausschlagen
*dokota* anfangen zu sieden, brodeln
*donda* klopfen, an d. Türe anklopfen
*dondomalla* biegsam sein, sich biegen, sich verbeugen
*dondomazia* biegen
*donokangika* zerreißen, (intr.), alt werden (Kleid)
*donolla* bohren, stechen (tr.) durchbohren (Ohr)
*doza* würgen, einen ersticken
*dozanga* ganz ersticken
*dozia* erwürgen, fest drücken
*dukira* mit Lachen herausplatzen
*duma* Leopard
*dumba* anschwellen (Fluß)
*dumulla* abhauen, abschneiden, schneiden, beschneiden
*dumulla njira* Weg abkürzen
*dumullanga* ganz abhauen, niederhauen, — *mbao* Holz hauen
*dumullira visoero* Rede, Wort abschneiden, entziehen, — *mirandu* entscheiden
*dumzia* entwöhnen
*dundulla* entzaubern
*dunduka, dunyuka* stumpf sein
*dupa* mit den Fingern schnalzen
*dupa* (*ndupu*) das Los ziehen, Los werfen
*duwenkula* sich aufblasen

# E.

*ebaga* Zahnlücke
*ebalibali* Brett
*ebangala* Buba
*ebankha, na* frech sein
*ebao* Holzblock, Stück Holz, — *lia huti* Gewehrschaft
*ebena* Schamtuch der Frauen
*ebenka* Horn von Bambus
*eboma* weiß u. rot gefleckte Schlange (giftig)
*ebue* Stein
*ebuka* Toga, Überwurf
*ebuma* Flußbett
*ebuni* Hautflecken, Hautausschlag
*echemba lia chiwimbo* Abschnitt vom Leichentuch
*echenkeni* wachhabende Termite
*echintha* Bezeichnung der ersten Tanztour
*edaba* Witz
*edalla* weiblich
*edebani* Kreide
*edidiga* Pfütze, Morast, Sumpf
*effugi* Becken, Beckenknochen
*effullu, effunkussi* Kehricht, Schutt, Schutthaufen, Platz zum Schutt
*efullufullu* Stirn und Rückwand eines Hauses, Abschaum
*efuizo* Schweiß
*egallagalla* Wasserpocken
*egaza* Hälfte
*egobolero* Maisstengel, nachdem d. Kolben abgebrochen
*egogollo* Adamsapfel
*egombeka kamu* einfacher Messingring am Arm
*egombo* Messingring am Arm
*egondo* Rieseneidechse, Kenga
*egullu, ma-* Fuß, Schritt, Stufe
*egungui* Hundertfüßler
*ehee!* Ausruf der Zustimmung u. Verwunderung
*ehinda* Matte zum Schlafen
*ehongo* Fettbuckel des Rindes
*ehuka* Feldhacke
*ejega* Sturm
*ejema* Graben, Wassergraben, Drainage
*ejemba* Stirnband der Kranken und der trauernden Frauen
*ejida* Knospe
*ejingo* Tabakspfeife
*ekani* Querbaum im Hause, Zimmerdecke
*ekisso* Schnittwunde
*ekokolla* Brett
*ekollo* Zukost (allgem.)
*ekollu* Greisin
*ekomera* Stall
*ekomi* befestigter Ort der Eingeborenen
*ekungui* Ähre
*ekupiri* Ohrenschmalz
*ekuta, ma-* Nothütte
*ekutu* Ohr, Gehör
*ekwada* Kalb
*ekwantha* Taktschläger
*ekwere* Hausratte
*elengerezi* kleines Geschwür
*elimbili, ma-* wilde Banane
*elindi* Mausloch
*emaanizio* Offenbarung
*enegu* Brunnen, Wasserloch
*enga ujimbi* Pombe brauen
*-eni* selbst, allein, habend, besitzend
*enongkonongko* Baumharz
*-enu* euer
*enyankanyanka* wildes Fleisch in der Wunde
*eoko rendende* Handvoll

*epepo, na* Fieber haben
*epeza* Straße
*epilipili* schwarze Ameise (groß, stinkend)
*epinga* Herde, Menge, Schar
*era* nicht viel, Mangel haben (Inf. *kwera*, Pron. *nera*)
*ereka* gebären
*erekela* viele Kinder erzeugen, viele Eier legen
*eripa* Meerkatze
*eroko* Brücke
*eromberombe* ein Pilz (nicht genießbar)
*erombo* Blesse (weißer Fleck auf d. Stirne des Tieres)
*eronda* große Wunde
*err!* Hetzruf des Hundes
*eru* weiß
*esaga* Bettstelle
*esesse* zweisaitige Guitarre
*esigosigo* Ungehorsam, Widerspenstigkeit
*esolero* Kropf (der Hühner)
*essepe* Zipfel, Quaste
*essessenge* Mähne (Zebra)
*esukosuko* Mark im Knochen
*etenga* Vogelkäfig
*etepu* Sprosse am Baumstumpf
*etipitipi* Regenpfeifer (Vogel)
*etu* unser
*etuhe* Saatbeet, Wald
*etuli* Mörser (v. Holz)
*eugu* graue Stechmücke, Bremse
*euka* leicht sein, *chieuka* es ist leicht
*eundi* Eule
*ewata* Ente
*ewega, ma-* Schulter
*eyani* Hundsaffe
*ezietazieta* Hecke, Zaun, Umfriedung, Hofraum

## F.

*femba* saugen
*fembanga* aussaugen
*fembe* kleine Antilope
*fiala* etwas unter d. Arm oder zwischen d. Beinen halten
*fiffa* verbergen, verstecken, verschweigen
*figo, zi-* Niere
*fika* kommen, ankommen, reichen bis (örtl.)
*fikira* erreichen
*finizia* zusammenziehen, erdrücken durch zusammenziehen (Schlange)
*fintha* schlagen
*fintira* ausfüllen (Loch), begraben (Sache)
*fiota* ernähren, säugen (Kinder)
*fira* lieben, wollen, wünschen
*firira* verlangen, begehren, sehnen
*foza* bohren, durchbohren (Bohrer)
*fua* sterben, Tod, – *njalla* verhungern
*fuga* zähmen
*fuga, fugana* Brei rühren
*fuguka* aufgehen, Türe
*fugulira* Einlaß geben
*fugulla* aufmachen, aufschließen (Türe)
*fuguzia* um Einlaß bitten
*fuikiza, li-* schwitzen
*fuirapa* Eigensinn, *na* – eigensinnig sein
*fukusulla* ausspülen (Mund)

*fulafula* Stank lassen
*fulama* vornüberbeugen
*fulika* locker werden, aufgehen (Lendentuch)
*fulu* Krug (ird.), Wasserkrug
*fumbula* eröffnen, bekennen
*funa, kugonja* – auf dem Bauch liegen
*funda* lehren, erklären, unterrichten
*fundi* Handwerker, kleiner Künstler, Meister
*fundikira* Knoten schlingen, verwickeln, zuknöpfen
*funduko* Erdlaus
*funo* kleine Antilope
*funtha* einsäumen (Kleid)
*fupi* kurz, niedrig (Haus)

## G.

*ga-* er, Pron. pers.
*gagamuka* schwärmen
*gagulla* lauern
*galagata* umfallen, auf den Rücken fallen, vornüber fallen
*galama* Kopf, Augen erheben, emporsehen, ausbreiten, ausstrecken, ausspannen (Arme)
*galamulla* umwenden, übersetzen, wechseln
*galamulira* umkehren, wenden, umwenden
*galulira* abändern, seine Aussage ändern, sich bessern, Lage ändern, umwenden (Bett), — *chiganchi* verdolmetschen
*galulirira* ganz abändern
*gamba, gambira* wie, gleich wie
*gamba, gambira* sagen, befehlen, verkünden, *gambira uhere* deutlich sagen
*gandulla* aufrichten, aufstellen (Stein)
*gani?* wer? welches? was? was für ein?
*gawa* austeilen, verteilen
*gawanga* alles austeilen
*gazia* prüfen, erproben, probieren
*gegetu* (adv.) gerade
*gema mpira* Gummi schlagen
*genda* gehen, abreisen, fortgehen, sich entfernen, fließen (Fluß), — *chifalu* nackt gehen, — *kugonja* schlafen gehen, — *kujega* holen, — *kunega* Wasser holen gehen, — *kuntundhu* austreten, — *kunyati* leise gehen, — *lukongo* im Gänsemarsch gehen, — *mununiba* hineingehen, — *ndundu* sich anschließen im Gehen, sich aufreihen
*gnalla* glänzen
*gnanchi* Absicht, Trotz, *na* — absichtlich tun, störrisch, trotzig sein
*gnonda* Pocken
*gnonoka* ausbrechen (intr., Zahn), abbrechen (Früchte)
*gnoongo* Gebirge
*gnulla* totschlagen, ums Leben bringen, *njalla ignulla* Hunger tötet
*gnullugnuta* zusammen sprechen, sich unterhalten
*gobolera* Aufstoßen der Kohlensäure im Magen
*gobolla challa* Finger krachen lassen
*gogodalla* krumm werden

*gogodazia* krümmen, verbiegen (tr.)
*goloka* stehen, aufstehen
*golokera* gerade, steil sein (Weg)
*golol'a* stützen
*golozia* aufrichten, aufstellen (Bäume), gerade machen
*gomba* treffen, — *ngoma* trommeln, — *huti* mit d. Gewehr schießen, erschießen, — *pepegu* vorbeischießen, werfen, Ziel verfehlen
*gomba* Instrument z. Blasen
*gomba* (*kingele*) läuten (tr.)
*gombeka* (*kingele*) läuten (intr.)
*gomoka* einschrumpfen, mager werden, einfallen (Gesicht)
*gona* (adj.) alt, verbraucht, abgenutzt
*gonga* unterhalten (tr.), Unterhaltung geben
*gongomalla* sich verbeugen
*gonia masso* die Augen schließen
*gonja* liegen, schlafen, — *funa* auf dem Bauch liegen, — *na njalla* hungrig schlafen
*gonjanga* fest schlafen
*gonjeka* Kind schlafen legen
*gonjera* einschlafen
*goyangu* du mein Nachbar
*gu-* tonlos 2. Pers. Pron. pers., Präfix d. Sing. d. 2. Kl.
*gua* fallen, einfallen, einstürzen, — *na chihazi* epileptisch werden
*guanganika* zwingen (physisch)
*guangua* Gaben niederlegen vor dem Häuptling
*gubuga* durchwaten, versinken
*gubula* abdecken (Gefäß, Haus), aufdecken
*guga* erkältet sein, kalt fühlen, frieren, frösteln
*gugulla* anstoßen
*guguma* donnern, *mlungu gaguguma* es donnert
*gugumira* einem etwas zuwerfen
*guizia* fallen lassen
*gulawi* seit
*gulengamala, na* nachlässig sein
*gulige!* weiche aus!
*gulisege!* weiche aus!
*guluguzia* ausschwenken (Gefäß)
*guluka* mutieren (*lisio* die Stimme)
*gululla* abspülen, abwaschen, auswaschen, Füße baden, putzen, scheuern
*gulullanga* sauber putzen
*guma* werfen, hinüberwerfen, schleudern, — *lubundlu* Faden spinnen, — *msale* Pfeil abschießen
*gumbulla* anstoßen
*gumogumo* einige (Leute)
*gundumuka* aufspringen
*gungulla* ernten (allg.)
*guoni* wenn, für den Fall, daß
*gutira* zurückbleiben im Wachstum
*gwananga* beschmutzen
*gwenga* du (betont)

# H.

*hala* Scheide (Messer)
*hama* aus-, fortwandern, Wohnort ändern
*hangania* verdünnen, mischen
*hangu* also, so, denn, gerade so, so ist's (wenn zeitl.), — *ina* genau so, *sui* — gut denn!
*hauchi-hauchi* Begrüßungsformel bei Gleichgestellten
*hazia* erben, vererben

*hembi* Pocken
*hemuka* sehr warm, heiß sein
*henga* umarbeiten (Feld)
*hengo, ma-* Arbeit
*hengu, zin-* Buschmesser
*hepa* warten, erwarten, auflauern, *guhepe padidi* warte etwas!
*hepera* wachen, Posten stehen, belagern
*heperera* pflegen, ernähren, abwarten, sorgen für jemand
*hera* in Verbindung mit tonlosem Pron. pers. = sein ohne, nicht haben, nicht enthalten, leer sein, *nehera* ich habe nicht usw.; adv. (nachgestellt) umsonst, vergeblich, nur, bloß, *yumohera* ein einziger, — *gambira* ganz wie, — *maaka* kraftlos, schwach sein, — *mahalla* blöde, stumpfsinnig, unanständig sein, — *ntambu* ohne Grund
*heraga* wie (vergleichend)
*herepa* schön, gut, rein (Kleid)
*higa* besänftigen (tr.), Frieden stiften, schmeicheln
*hira* beneiden, eifersüchtig, feind sein
*hoa* sterben
*hogofia* einschüchtern, fürchten machen, erpressen
*hogoya* locker werden, nachlassen (Strick), schlaff sein
*hogozia* lockern, nachlassen (tr.), — *na maaka* ermatten, schwach werden
*holla* denken, für etwas halten, nachsinnen, überlegen, traurig sein
*hollizia* betrüben (tr.), — *liholla* sich betrüben
*huhu* Flußpferd
*humbanga* ein Weib vergewaltigen
*hundu* Ellbogen, Knöchel am Fuß- und Handgelenk
*huti* Gewehr, — *ya maganga* Steinschloßgewehr, — *ya fataki* Vorderladegewehr, — — *ya mgobleni*, — *ya kolofinda* Hinterladegewehr
*huti* erst, zuvor, zuerst

# I.

*igani*, pl. *wa-igani*, Gewisser
*igira, igiranga* ausspotten, schelten, schimpfen, beschimpfen
*ikaala* sein, existieren, wohnen, bleiben, geben (es gibt)
*ikuta* satt werden, satt sein
*ima* ungebeten am Essen, Pombe, teilnehmen
*imba* singen
*imbizirira* hetzen (Hund)
*imsia* aufwecken
*imuka* aufwachen
*ina* ja, in der Tat, gewiß, *ina?* nicht wahr?
*inalla* Nacht werden
*-ingi* ander
*ingira* eintreten, antreten (Amt)
*ingira koti* anziehen (Rock mit Ärmel)
*ingira* (*mumumba*) hineingehen
*ingizia* hineinführen, einladen, aufnehmen, beherbergen (Gast), — *kwingi* versuchen, in Versuchung führen

*ipa* ausjäten
*ipangalla* Buba
*iraga* töten
*irindi, ma-* Grube
*iringanira* eben machen
*issy* Erde, Humus
*ita, itanga* auswerfen, ausstreuen, verschütten, vergießen
*itika* antworten (v. Echo)
*itira* gießen, ausgießen, ausleeren, eingießen, einschenken, hineinlegen, hineinschütten
*iuka* geboren werden
*iula* gebären
*iwula* Regen, — *ya mpira* Hagel
*iwa* (Inf. *kewa*) stehlen
*iza* kommen, herankommen, herbeikommen

# J.

*jega* holen, tragen, bringen, auftragen, hin-, herbeitragen, — *visoero* Nachricht bringen
*jegera* darreichen, darbieten, anbieten, für jemand verschaffen, — *mkomkwetu* Abgabe leisten
*jemeka* durchsickern, durchlassen, seien (flüssigen Gegenstand)
*jenga ngono* Lager schlagen, Lagerhütten bauen
*jengeka* möglich sein zu bauen
*jera* messen, abmessen, probieren, prüfen, anmessen, anpassen, ein Zeichen ritzen, Zeichen (Länge- u. Hohlmaß)
*jerekera* anhäufen, aufhäufen
*jerera* für jemand messen
*jimira* zustimmen, anerkennen, glauben, bekennen, eingestehen, zugestehen, billigen, einwilligen
*jimirira* bezeugen, bestätigen
*joba* Finger in Flüssigkeit tauchen
*jodokera* einen rügen, streng ermahnen
*jodolla* Augen öffnen

# K.

*kaala* seit, bereits, früher u. Perfektform, schon, vor langer Zeit, *hera* — schon längst, — *pachichi?* seit wann?
*kaala muazio* offen stehen
*kadwiro* Feldmaus
*kafuahera* häufig, oft
*kafua ndiri* selten
*kaladalla* trocknen, auftrocknen (intr.), welken, verwelken, eintrocknen, schwinden (Holz)
*kala kamu* einmal, *kala kawili* noch einmal
*kalalilira* brauchen, nötig haben
*kalanga* braten (Fleisch)
*kalangira wasomba* Fische rösten
*kali* giftig, scharf, zornig, kampfbereit
*kalipa* spitz, scharf sein, — *ndiri* stumpf sein
*kama* auswinden, ausringen

*kamalla* fest, stark, hart, ausdauernd, dauerhaft, schwierig sein
*kamazia* laut sagen
*kamchopeke* schwarze Grille
*kamu* einmal
*kanadahi* Lehrling
*kandika* mit Lehm bewerfen, verputzen
*kanepera* Süßkartoffel (rotes, herzförmiges Blatt)
*kangalla* aufsitzen, sich niederlassen, sich niedersetzen (Vogel)
*kangamalla* sich anstrengen, Kraft anwenden, sich bemühen
*kankaduka* Risse bekommen (Haus)
*kantha* sagen, heraussagen, verkünden, offenkundig machen, — *lina* Namen nennen, — *panama* ein schönes Angebot machen
*kanya* massieren
*kanyati* (adv.) still, im stillen
*kapingi* kleine Feldmaus
*kaputiputi* Fledermaus
*karakalla* eilends, schnell, plötzlich
*karombeta* Trompete
*katirira* fixieren mit den Augen
*kawa* bleiben, ausbleiben, zurückbleiben, verweilen, sich verspäten, sich verzögern
*kawazia* aussprechen
*kawili* ein zweites Mal, abermals
*kawira uchiwa* verarmen
*kawizia* aufschieben (Arbeit)
*kayi* zweites Mal
*kazia* argwöhnen, voraussagen, vermuten, — *hera* falsch argwöhnen
*kereta na tupa* feilen, abfeilen
*khanga* Perlhuhn
*kisskira* auf den Arm, Schoß nehmen, umfassen, umarmen
*kiupa* über etwas hinüber-, hinwegschreiten
*ko, kochi?* wo? wohin? woher?
*kofa* Kopfbedeckung
*kogobezia* abschrecken, Schreck einjagen, Furcht machen, einschüchtern
*kogodalla* uneben, krumm, bucklig sein
*koka* zum Krieg zusammenrufen
*kokoliko* Kikeriki!
*kolelera* würgen, zurückhalten
*kolla* jeder, — *yumohera* jeder einzelne
*kolla ejua* fortwährend
*kolla* (*muti*) auffliegen in Schwärmen (Ameisen)
*kolla* anfassen, (leicht) anfühlen, antasten, angreifen
*kolla mlali* räuchern (intr.)
*kolla ujimbi* trunken werden; z. B.: *gwamkolla ujimbi* = das Bier hat ihn angegriffen
*kollera* halten, fassen, bekommen (tr.), einfangen (Dieb), — *ngnere* fest anfassen, festhalten
*kollizia mlali* räuchern (tr.)
*kologa* umrühren, flüssigen Brei rühren
*koma* schlagen, prügeln, klopfen, ausklopfen
*komanga* durchprügeln, dreschen
*koma chipopo* mit den Händen klatschen
*komana* fechten, Krieg führen, sich gegenseitig schlagen
*komangano* Zusammenfluß
*komba* Nachtaffe
*kombola* erlösen, loskaufen (Sklaven)
*komera* annageln

*komoka* losgehen, loslassen (Hacke vom Stiel)

*komolla* losklopfen (Hacke vom Stiel)

*komu* (adj.) ganz, lebend, gesund, schlecht

*konda* abmagern, mager werden

*kongana na-* treffen, zusammen treffen, zusammen kommen, zusammen fließen

*kongeka* aneinander reihen (v. Menschen u. Sachen)

*kongha* saugen

*konghozia* säugen

*kongolla* herbeirufen, einladen zum Mahl oder Spiel

*konkonira* Feuer schüren

*konkontha* klopfen, um Einlaß bitten

*konolla* zuspitzen

*kontha* schießen, sprießen (Bäume), treiben, Trieb haben

*kopa* borgen, ein-, verkaufen

*kopana* tauschen, eintauschen

*kosomolla* husten

*kossia* fragen, bitten

*koya* sich beruhigen, in sich gehen, bereuen

*kozia* (*moto*) Feuer machen, Feuer anblasen

*ku, kwa* zu, nach

*kua* abfegen, abreiben (Eisen), enthülsen (durch Stoßen), schärfen, schleifen, wetzen, — *meno* Zähne putzen

*kubnga* aufwirbeln

*kuchana* Süden

*kugnallagnata* Glanz

*kugusokera mjenche* Sonnenaufgang, Osten

*kuguzietera mjenche* Sonnenuntergang, Westen

*kukopana* Tauschhandel treiben

*kukuta* zernagen, zerbeißen, — *chihondo* Knochen zernagen

*kula* wachsen (leb. Wesen)

*kula lino* Zahn ausziehen

*kulangala* Morgendämmerung

*kulikwissa* Stolz, Prahlerei

*kullá* sollen, müssen; z. B.: *nene kullá kugenda* ich muß gehen

*kullu* groß, tief (v. d. Stimme), wichtig, von Bedeutung

*kulongollo kwa-* vor, vorne, nach vorn, voraus, vorwärts (örtl. u. zeitl.)

*kululla* fortschwemmen

*kulutulla* Puls an der Hand und Stirne

*kumaanikira* Merkmal, Abzeichen, Denkzeichen

*kumba* scharren (v. Esel)

*kumberi kwa* nach, hinter, später

*kumbukira* geistig erfassen, sich erinnern, nachdenken

*kumbuzia* einen erinnern (tr.)

*kumpa maji* rudern

*kumpindi kwa* oben, nach oben, hoch oben, droben, über

*kumpwano* an der Küste

*kumtengu* Ende, am Ende, zuletzt, *gwa* — der letzte

*kungania* sammeln, zusammen treiben

*kunganyika* sich versammeln

*kunja* außen, draußen

*kunkika* sich wälzen

*kuntha* brüllen (v. Leopard)

*kunumanuma* Not

*kunumpakati* Zimmer

*kupeta* Ernte

*kusika* Norden

*kussa* zusammenfalten, aufrollen (Matte), aufschürzen (Kleid)

*kuta* abfegen, abreiben, — *mpapa* Haut, Fell präparieren, kürschen

*kutari* fern, weit, straff, stramm
*kutiera* dritter Tanz (im Gänsemarsch)
*kutita* Finsternis, Dunkelheit
*kutozia* Schuld
*kutuka* abreißen (Seil, intr.)
*kutulla* abreißen (Seil, tr.)
*kutuluka* kleine Regenzeit
*kutuma* Erlaubnis, *kozia* — um Erlaubnis bitten
*kututumuka cha fimbo* Striemen
*na kuykuy* Schluchzer haben
*kuyoayoa* Geschrei, Lärm
*kuza* außen, draußen, entfernt, — *paza pa-* außen (näher bei)
*kuzira* Haß
*kuzulla* entfalten
*kwa-na* sein mit, haben
*kwafulla* ausnehmen, ausweiden
*kwanja* zuerst
*kwanja* Reisart (weiß, dick)
*kwantha* schaben, abkratzen, einkratzen, zeichnen, Zeichen machen
*kwanthanga* tief einkratzen
*kwechulla* ritzen (tr.), einritzen
*kwega* schleifen, nach sich ziehen (Baum)
*kwega mfuki* einatmen
*kwehera mundu* niemand
*kwena* steigen, aufwärts gehen, besteigen, klettern, hinaufklettern, schwellen (Fluß)
*kwenia* in die Höhe heben, Stimme erheben
*kwera* verachten
*kwikaala* Wesen
*kwikulla* wälzen, rollen
*kwina* nähren, nahrhaft sein, sättigen
*kwinda* Lendentuch anziehen, Lenden gürten
*kwindika* auf-, ausspannen (Kleid, Schirm), gespannt sein (Seil)
*kwindizia* einen anziehen (tr.)
*kwira* finden, auffinden
*kwissa* ehren, huldigen, schützen, Türe von innen verrammeln
*kwissia* niederwerfen (im Ringen)

## L.

*laga* morden
*laga chindu* geloben, versprechen
*lagalla* abfallen (Laub)
*lagira* beauftragen
*lala* abgenutzt sein (Hacke), stumpf sein (Eisen), kurz abgebrannt sein (Brennholz), abnehmen (Mond)
*lalle* durchaus, ganz und gar, fertig sein mit etwas
*lambita* lecken, ablecken, belecken
*lamuka* treiben (Bier)
*lamula* dazwischen treten, vermitteln
*lamzia* grüßen
*landa* trinken
*landizia* tränken, trinken lassen
*langalla* glatt, eben, hell sein, dämmern (morgens), rein werden
*langazia* glätten
*langulira* vorausgehen, anfangen, anstimmen, vormachen, zeigen, — *challa* mit dem Finger drohen, — *vidoda* Ärgernis geben
*lassa* mit dem Pfeil treffen
*laulira* etwas essen, frühstücken, kosten, verkosten

*lawa* herauskommen, vorkommen, aufgehen (Sonne), — *muazi* bluten
*lawia* austreiben (Vieh), herausnehmen, — *kuza* heraustragen
*lawira* erscheinen
*leka* lassen, ablassen von etwas, aufhören, sich enthalten, erlassen, vermeiden, hinterlassen, — *umatu* aufhören zu lärmen, — *kulitumba* Hoffnung aufgeben, — *kumberi* zurücklassen, — *mpegu* Durchschlupf an der Türe lassen
*lekera* aus-, eingießen, in die Tasche stecken, verzeihen
*lema* nicht mögen, verschmähen, nichts nützen, nichts wert sein
*lembuka* sich auflösen
*lemera* gelähmt sein (Körperteil)
*lemerera* kleben (intr.)
*lemezia* verbieten
*lengama* nachlässig sein
*lengeta* Kartoffel in Scheiben schneiden
*lera* ernähren (tr.), Frucht bringen
*lero* heute
*lewa* raufen, streiten, ringen
*lewera* abhalten, verbieten, verweigern, Bitte abschlagen
*-lia* (Personalpron.) jener, jene, jenes
*lia* essen, satt essen
*liakazulla* aufrollen, zusammenrollen (Schlange)
*lialika* Wöchnerin sein
*lialua* vergessen
*liambi* Regenwurm
*liombo, na* syphilitisch sein
*liamzia* einander grüßen
*liawala* Kleid umwerfen
*libabanika* drängen, stoßen
*libanira* sich klemmen
*libata* Kopf in die Arme stützen
*libawira* sich hineingraben (Tiere)
*libidulla* Purzelbaum schlagen
*liboma* Boma
*libombom* Maschinengewehr
*lichancha* Speicher
*lichenjera* auf den Feind obacht geben, lauern
*lichera* um die Wette etwas tun
*lichero* Glied, Gelenk
*lichingira* sich schützen
*lichu* gestern
*lidjebere, ma-* Sandfloh
*liembera* Adlerart
*lifarana* sich lieben, einig sein
*lifiangulla* Gesicht waschen
*lififfa* sich verbergen
*lifikissa* (*masso*) sich die Augen reiben
*lifira* Liebschaft haben
*lifiro* Wunsch
*lifu* Asche
*lifuaga* sich niedersetzen
*lifuana* vergleichbar sein, ähnlich sein, gleichen
*lifukafuka* Nebel
*lifuke* Hitze (schweißtreibend)
*lifunda* lernen
*lifundikira* sich verwickeln
*ligaga* Kluft, Riß im gestampften Lehm
*ligi, magi* Ei, Eier
*ligogo* Balken
*ligololla* sich aufrichten, sich ausstrecken, recken
*ligoma* lange Trommel
*ligomba* widerhallen
*ligono lia mkati* Mitternacht
*ligullu, ma-* Fuß
*ligubika* verschwinden, sich verstecken (Sonne)
*ligumba* Daumen, große Zehe

*lihiga* sich beruhigen, — *umene* sich versöhnen
*lihoka, ma-* Teufel, Geister der Abgeschieden
*liholla* denken, überdenken, brüten über etwas, überlegen, traurig sein, schätzen, abschätzen (Preis), besorgt sein
*lihollera* sich sehnen nach, — *ukaya* Heimweh haben
*lihomba* borgen
*lijera* nachahmen, lernen
*lijua liosere* den ganzen Tag, – *limonga* eines schönen Tages
*likakatalla* feilschen
*likallakatu, mi-* Fischschuppen
*likama* sich umfassen
*likamena* sich umfassen
*likangacha* staunen, sich verwundern über etwas
*likano* Gerüst
*likentha* Riß im Lehm, Wandverputz
*liko* Schmutz, Flecken am Kleid
*likoa* Opfer
*likolla* raufen, streiten, ringen
*likollo* Gemüse, Zuspeise
*likongo* Verbrechergabel
*likukumiro* Falte (am Kleid)
*likungania* sich versammeln
*likungnulla* sich den Kopf anstoßen
*likussi, ma-* Wolken
*likwalla* sich stoßen, stolpern
*likwekezia* mit dem Stock gehen
*likwissa* sich brüsten, rühmen, prahlen, stolz, eitel sein
*lilira lussungu* sich über jemand erbarmen
*lilunguzia* sich brennen
*lima* ackern, Feld bebauen
*limaanizia ndiri* verschwiegen, nicht mitteilsam sein
*limbana* wetten
*liminta* sich strecken, recken
*limpemba* Fackel, Kienspan
*lina* Name, — *liedaba* Spitzname
*lindangadanga* Tragbahre
*lindira* hüten, behüten, bewachen
*lindumbi* totgeborenes Kind
*linga* zielen, abzielen
*lingali* Emmerling
*lingana* eben, gleich, glatt sein, nützen
*linganira* frommen, genug sein, genügen
*lingiro* Fallgrube
*lingnanganika* sich (sehr stark) betrinken
*lingnanika* eifrig sein, stark an der Arbeit sein
*lingnumbili* kurze Trommel
*lingongollo* Verbrechergabel
*lingoti,* pl. *malingoti* aufgerichtete Stange, Pfahl, Flaggenmast
*lingumbulana* zusammenstoßen
*linika* sich strecken, recken
*linkolera* Tropfen
*linkombi* Baum mit genießbaren Früchten, Frucht (allgem.)
*linkumbo* blaue, giftige Schlange
*linkungkullu* Bastkorb
*lintu lia mlungu* Gottesanbeterin
*linungnunu* Kniescheibe
*linyawa* reinlich, schmuck angezogen sein
*linyenga* sich ringeln
*lioga* Furcht, Angst, Scheu, Schüchternheit, Besorgnis, *kwa* — gefährlich sein
*lioko,* pl. *ma-* Hand, — *lia kulira* rechte Hand, — *lia kumchigi* linke Hand, — *lia nguo* Ärmel
*liombo* Süßkartoffel

*liona* untergehen im Wasser
*liondo* Fleischkeule
*liondo, lipadja* Oberschenkel
*lionera* sich nach vorne stützen, beugen, anlehnen, auskundschaften
*liopa* sich gürten
*liossi lituma* es raucht
*lipa* bezahlen, — *wanda* Schuld abbezahlen
*lipanga* schwören, sich verschwören, sich verwünschen
*lipepe* Ohr
*lipindapinda* sich winden (Schlange)
*lipiziana* Ziel verfehlen, aneinander vorbeigehen, sich verfehlen
*lipo* großes, eitriges Geschwür, Furunkel
*liponia* sich entschuldigen
*lipoota* ehebrechen
*lipukira* fächeln
*lipukuta* sich abtrocknen, Lehm von den Füßen abstreifen, — *lifuizo* sich den Schweiß abwischen
*lipuluga* sich mit Salbe einreiben
*lira* klagen, weinen, wehklagen, trauern, knarren (Türe), meckern, — *chiwembo* Toten beklagen
*liraga* Abschied nehmen, sich verabschieden
*liragana* sich gegenseitig töten, kämpfen
*liranda mira* Striemen
*liranga* Licht, Helle
*lirani*, pl. *ma-* Erdnuß
*lirapa* schwören, Eid leisten
*lirawa* früh aufstehen
*lirengerezi* Blast, Schwiele
*lirimi lia moto* Flamme
*lirindi* Loch, Grube
*liromo* Lippe, Schnabel
*lirongo* (*limo*) zehn
*lisega* ausweichen
*lisinkana* sich begegnen
*lisozi, ma-* Träne, *lawa* — Tränen vergießen
*lissiku* Tag, Zeit, — *likullu* Festtag
*lisso, masso* Auge
*lissoma* streiten, kämpfen, Krieg führen
*litako, ma-* Gesäß
*litali* Gerüst
*litalitali* Riese (an Größe)
*litambi, ma-* Ast
*litanda* See
*litanda* Vorrat haben
*litanga* Gurke
*litao* Name
*litekenya* Sandfloh
*litenda* sich verletzen
*litengulira* ansteckende Seuche
*litetemezia* sich ängstigen, beunruhigen, aufregen
*litongo* Art, Gattung, Stamm, Volksstamm
*lituhi, mi-* Saatbeet
*litukulira* plätschern im Wasser
*litumba* hoffen, vertrauen, *kulitumba* Hoffnung
*litutanga* sich durchprügeln, raufen
*lituttulira* sich kämmen
*litwika* sich die Last auf den Kopf heben
*liula* sich häuten (Schlange)
*liupana* einander etwas geben
*livinga punda* blaue, giftige Schlange
*liwago* Axt
*liwega, ma-* Schulter, Achsel
*liwira* zurückkehren

*liyega* Sturmwind
*lizigirira* Schlag von sich abwenden, Stoß parieren
*lizio* Stimme, — *lia roho* Gewissen, — *lirala* heiser sein
*lizoi* Risse am Fuß
*loa* fischen
*loga* zaubern
*logerera* einen bezaubern
*loka* hinübersetzen (Fluß, intr.)
*lokaloka* von der Gastfreundschaft Gebrauch machen
*lokizia* anstecken, ansteckend sein
*lolla* sehen, schauen, anschauen, besuchen, auskundschaften, — *nagaka* aufpassen, — *dii* frech ansehen, — *kumpeko* herumschauen, — *uhere* gut zusehen, beobachten
*lollera* achten, achtgeben, wachen, regieren, beaufsichtigen
*lomba* decken (begatten)
*lomboka* flüssig werden
*longa* sagen, sprechen, reden, — *videta* Lügen sagen
*longolla* (*liombo*) weiße Süßkartoffel (gezacktes Blatt)
*longolla, longollera* führen, anführen, zeigen
*longozia* regieren, herrschen, leiten, jemand an der Hand führen
*lopoka* schnell gehen
*lopolla* fischen, angeln, — *chissenkessenke* Kreisel spielen mit der Schnur
*lossia* ausladen
*lota* träumen
*loweka* einweichen
*lozia* hinübersetzen (Fluß, tr.)
*lua* bitten, betteln, beten
*luala* krank sein, — *dadada* schwer krank sein
*luala, zinala* unterer Mahlstein
*lualia, na-* Fresser, gefräßig sein
*luani* Unkraut
*luavu* Netz
*luavu, zinavu* Rippe
*luazia* Kranken abwarten, pflegen
*lubahira, mi-* Federn (Vogel)
*luballi lua* abseits von, neben
*lubani* Weihrauch
*lubao, zim-* Stück Holz
*lubejengi, zim-* Schienbein
*lubiki, zim-* Grasstengel, Bäumchen
*lubundhu* Faden aus Baumwolle
*luchemba, zin-* Bach, Fluß
*luchira, zin-* Schwanz
*ludapaka* (sing. tt.) rote Erde, Lehm
*ludehe, mi-* Schilfrohr
*ludenke, mi-* Bambus
*ludewa* Höhenkultstätten
*lueni* Strom
*luerege, zimberege* Mtamastengel
*luero lua ligi, zinero lua ligi* Eiweiß
*lufira* Wille
*lufui* Chamäleon
*lufulengi* Flöte
*lufunga, zi-* Binde, Bandage
*lufyagiri* Besen
*luga, zinuga* Spalte
*lugagalla, zin-* Feldumfriedung, Verhau
*lugoi, zin-* und *mi-* Rinde, Baumbast, Band, Schnur, Strick
*lugongo* Berg
*lugongogongo* Rückgrat (einzelne Knöpfe)
*lugugu, ma-* Stengel
*luhalla, ma-* Gedanke, pl. Verstand, Vernunft
*luhamba, mi-* Blatt, Brief, geschriebene Botschaft

*luhancha, zin-* Kornspeicher
*luhendeko, zi-* Rasiermesser
*luhole* weißer Mtama (in der Ebene), Urwald
*luiju* (sing. tt.) Flecken i. d. Haut
*luimbo* Schellchen
*luindi, zin-* geflochtener Bastkorb, Trinkschale
*luingizi* Aufnehmen, Empfangen (geschlechtlich)
*luissi* unreif
*luissy* grüner Augenstar
*lujenche, zin-* Armband von schwachem Draht
*luka* flechten
*lukalipa, zi-* eiserne Stachel
*lukani* Absicht, absichtlich, bewußterweise, — *luherepa* gute Absicht, – *ludoda* böse Absicht
*lukanya, zin-* Beckenknochen
*lukatu, mi-* Fischgräte
*lukindu* Dekorationspalme
*lukoa, zin-* Ledergürtel
*lukollo, zin-* Stammesangehörigkeit
*lukomba* Nabelstrang
*lukongo, zin-* Linie, Reihe
*lukongho, zin-* Quer- und Längsbalken, Durchzug (Gebäude)
*lukonkono, zin-* Unterschenkel, Schienbein
*lukonji, zin-* Fingernagel
*lukosse, zin-* Bienenstock
*lukukulua, zin-* Abzugsgraben, Zwischenraum, (adv.) zwischen
*lukulli, zin-* Haut
*lukullu, zin-* Mastdarm
*lukullumiro, zin-* Adamsapfel, Rumpf
*lukullumiru, zin-* Speiseröhre, Gurgel, Schlund
*lukumbi,* zin- Schuppen, offene Hütte
*lukundlu, zin-* After
*lukwali, zin-* Frechheit, Anmaßung, Irrsinn, *na* — närrisch sein
*lukweko, zin-* spitzes Holz
*lukweno* Berg
*lula* nicht mehr frisch, von gestern sein (Speise)
*lula, miula* Rinde
*lulefu, zim-* Bart
*luma* beißen, mit den Zähnen festhalten, — *meno* knirschen
*lumanga* ab-, durchbeißen
*lumanga* (*mtima*) Kolik haben
*lumba* verbinden
*lumbana* verbunden sein, nebeneinander wachsen
*lumbongombongo, zi-* Art Violine
*lunami, zi-* Armring von Saitendraht
*lunchali, zi-* viersaitige Guitarre
*lunduzi, zi-* Pfiff
*luneke, zi-* Ladestock
*lungulla* anbrennen (tr.)
*lungullira* sich verbrennen
*lunguzinguzi, zi-* Rahm
*luntossi* (sing. tt.) Kopfnaht, Scheitel
*lunua* Regenbogen
*lupagi, zim-* Stiege, Leiter
*lupalla* Zwerchfell, Trommelfell
*lupati, zim-* Schamtuch der Männer
*lupaza, zim-* Glatze, Kahlkopf
*lupenkero, zim-* Nasenbein
*lupi* Aschenhaufen im Pori
*lupingiru, zim-* Speerschaft
*lupoma, zim-* Ledergürtel
*lusago* Ausschlag, Krätze
*lusaya, zi-* Backe, Wange, Fußsohle
*lusegeyu* spitzer Korb zum Ameisenfang, Schmetterlingsnetz

*lusonero* Nacht
*lusozia* (sing. tt.) Streitsucht, Kampflust
*lusseru, zi-* flache Schüssel
*lussiatu, mi-* Rute
*lussontho, mi-* Dorn, Stachel, — *lua nchuki* Bienenstachel, — *lua somba* Fischgräte
*lussuavi, zi-* Saite
*lussungu, ma-* Erbarmen, Mitleid, Barmherzigkeit, — *luako!* danke schön! (= dein Erbarmen)
*lutego, zin-* Schlinge, Falle
*lutekero, zi-* Becher
*lutera, zin-* Kochlöffel
*luti, zinuti* Stachel der Biene
*luvigu, zi-* Speerschaft
*luvunga, zi* Lendenschnur
*luwali, mi-* Palme mit Fächerkrone
*luwira* für einen bitten, fürbitten

# M.

*maaka* Kraft, Stärke, Gewalt
*maana* wissen, kennen, erkennen, bekannt sein, vorstehen, bedeuten
*maanda* Sklave
*maanda, zi-* Brot
*maani* dennoch, trotzdem, etwa, vielleicht, weiß nicht, tut nichts
*maanika* erkennbar sein, — *ndiri* verschlagen sein, — *mpallu* männlich sein, auftreten
*maanikana* offenbar werden
*maanikira* an-, bezeichnen, merken, einmerken
*maanizia* offenbaren, zu wissen tun, mitteilen
*mababatiro* Flügel
*mabaga* Zahnlücke
*machana* vorgestern
*machanga* Adlerart
*mada* (sing. tt.) Halm, Halme
*madaki* Baum mit genießbaren Früchten
*madjua* Alter, Zeit
*madugudugu* Baum mit genießbaren Früchten
*mafiga* Herdstein
*mafundo* Unterricht, Lehre
*mafungua* Baum mit genießbaren Früchten
*mafuta* Fett, Öl, — *ga mawele* Butter
*magaga* Risse im Lehmboden
*maganja* Freundschaft
*magnulla* Mordgeselle, Totschläger
*magoli* Gehörn, Geweih
*magomboli* Zahnlücke
*magugumo* Donner
*magullu* einreißen, zerstören, abbrechen
*magulla ga mjenche* letzte Sonnenstrahlen
*mahalla* Verstand, Gedanken
*mahengo* Arbeit
*maheto* Ehe, Eheschließung, Hochzeit
*mahimbi* Knollen der Wasserkartoffel
*mahoka ga nema* ich habe Unglück gehabt
*mahoka gangu* ich habe Glück gehabt
*mahollo* Sehnsucht

*mahundi* sonnenloser, kühler, kalter Tag, Kälte, verlassene Ortschaft
*majani* Mais
*majengo* Holz zum Bauen
*maji* Wasser, — *zima* frisches, kühles Wasser
*majua ga nchalla* Hungersnot
*majugo* vorgestern
*makacho* ehedem, früher, ganz früh, vormals, vor langer Zeit
*makakala* Stärke, Kraft
*makalla* glühende Kohlen
*makanga ga somba* Fischeier, Milchner
*makenya* Risse am Fuß
*makondo* Kampf, Krieg
*makoyo* Hanf
*makozio* Frage
*malankalanka* Fischkiemen, Gaumen
*maleka* Fußspuren, Kreuzweg
*malembo* Schrift, *na* — scheckig, gefleckt, gefärbt, gezeichnet sein, Zeichen haben
*malikakatalo* Weste
*malimbanu* Pfand
*malimbo* Weste
*malindi* Unterbau, Fundament
*malingano* Nutzen, Gewinn
*malira* beenden, fertig machen, — *visoero* ausreden
*maliro* Trauern, Klagen
*maluatu* Fußspuren
*mamanulla* flachen Gegenstand, Dach, Brett etwas aufheben
*mamba* Krokodil, Kaurimuschel
*mami* Tau
*mamira* Nasenschleim, Rotz
*manemu* Güte, Freigebigkeit, Gnade, *na* — gütig, freigebig, gnädig sein
*manganji* zweiter Tanz (gegenseitig)
*mangovi, na* — verwachsene Zehen haben
*mankana* aufladen
*mankullukullu* Baum mit ungenießbaren Früchten
*manukiro* Wohlgeruch
*manunko* schlechter Geruch, Gestank
*manyanga* ertragen, erdulden, erleiden
*manyanga* Schmerz, Leiden
*mao* Mutter, Base, Vetter, — *gandera* Stiefmutter
*maoko* Kreuz
*mapolo* Brei vom gestrigen Tage
*mapukuyo* Baum mit ungenießbaren Früchten
*mapupa* Beute
*marilika* zu Ende sein, fertig werden
*marongo mawili* zwanzig
*marongo chumi* hundert
*masomma* Haarwinkel an der Stirn
*massai* Ochse, geschnittenes Tier
*massiku gosere* immer, stets
*masso-gaula* Augenentzündung haben
*matako ga chiwiga* Boden des Topfes
*matambiko* Opfer (privat)
*mate* Auswurf
*mateka* Kriegsgefangene
*matigo* Schimpfwort, -rede, beschimpfende Beleidigung
*matika* Pflaster auflegen, zukleben
*matongatonga* Baum mit genießbaren Früchten
*matozio* Sünde, Fehler
*matusi* Schimpfwort, Beleidigung
*maviru* Baum mit genießbaren Früchten
*mavunda* Garben (Mais, Mtama)

*mawanga, na* — wund sein von Schlägen
*mawele* Brüste, Milch
*mawingu* hohe Wellen, Sturm auf dem Wasser
*mawira* Zwillinge
*mawiwi* Buschbohnen
*maya* Zorn
*mayayagalla* Milz
*mbala* Schelm, Schlaukopf, Heuchler
*mbao* Brennholz
*mbarapi* Pferdeantilope
*mbato* Klammer, Wäscheklammer
*mbawala* Buschbock
*mbayuwayu* Schwalbe
*mbeyu* Saat
*mbolera* Dünger
*mbolo* männliches Glied
*mbongabonga* Mistkäfer
*mbulukutu* Gehörgang
*mbuiga* Ingwer
*mbunju* Elenantilope
*mbunji ya mpira* Gummiball
*mbuziekollo* Geiß
*mbwaua* Steppenhund
*mchancho* Witwe
*mche* Ameisenart (weiß)
*mchenga* Fremder, Gast
*mchengu* Mädchen das noch keinem Mann verlobt ist
*mchiwa* Waise, Arme
*mdalla* Eheweib (erstes)
*mdima* Hirte
*mduba* Hyäne (klein, gestreift)
*mecha* Schamhaare ausreißen
*mega* brechen, austeilen
*meganga* ganz brechen, alles austeilen
*megera* für einen brechen, austeilen
*mema* viel, voll sein, — *essinda* halb voll sein
*memezia* anfüllen
*menchaga, na* schielend sein
*mene, wa-* Ziege
*mera* aufgehen (Saat), sprossen, sprießen
*meremezia* schnell aufleuchten
*messiana* umtauschen, eintauschen
*meta* blitzen, Blitz, *gameta* es blitzt (*sc. mlungu*)
*mfira* Liebling, — *ndiri* Feind (persönl.)
*mfunda* Lehrer
*mfungakandi* streitsüchtiger, kühner Mensch
*mfungamo* Schaf
*mgadju* arm, Bettler
*mganja* Freund
*mganga* Zauberer
*mgamba* Spitzdach
*mgendegende* Barasa des Hauses
*mgongo* Rücken
*mgota* Arznei, — *gwa mpoota* Schlafmittel, — *gwa nanchegu* Mittel gegen Zahnweh, — *uhere ndiri* hilft nichts
*mgua, mi-* Zuckerrohr
*mgugutala* Widerstand
*mgunda* Acker, Pflanzung
*mgungollo* Hammer
*mhacha* Bruder, Schwester, Verwandter im ersten Grad
*mhazia* Erbe
*mhepera* Wächter
*mhiro* Feindschaft
*mhudji* Fleischbrühe
*miaga* anspritzen, besprengen
*mibahira* Tierhaare
*mibalabandu* Schuppe
*mifuvi* Schamhaare, Haare in der Achselhöhle
*migugu* Baum mit genießbaren Früchten

*mihamba* Deckblätter des Mais
*mikalakatu* Fischschuppen
*mikangallakaza* kurze Dornen
*mikapachichi?* seit wann?
*mikou* Blätter der Bananenstaude
*mikwankankazalli* krumme Dornen
*milimbalimba* Schlüsselbein
*mina* Geschwür ausdrücken
*mipira* Körner des Mais
*mira* verschlingen, schlucken
*miragalla* abgefallene Blätter
*mirandu* Gebot, Erlaß, Wille des Oberhauptes
*mirika* beleuchten, langsam leuchten
*miriko* Blätter auf dem Wasser im Kruge
*mirua* ertrinken
*misalalira* Zickzackform
*misiza* Biersatz
*misuampalla* lange, weiße Dornen
*misusugu* kurze Dornen
*miswazua* Spreu, Mist, Kehricht
*mitete* Schilfgras
*miwawi* Hülse der Kornfrucht, Kleie
*miyangu* mein Nebenmensch
*mjega* Träger
*mjegechera* Knoten, Zöpfe im Haar
*mjenche* Sonne — *hachi?* wie spät ist es? — *pakati* Mittag, — *gusegeka* Sonnenuntergang, — *kugusokera* Osten
*mjincho* Ölpalme
*mkaalintemba* jung sein
*mkangalakaza* Dornbaum
*mkankalla* stark, eifrig, fleißig sein
*mkati* drinnen
*mkoma* Dumpalme
*mkomkwetu* Herr, unser Herr
*mkondo* Mausloch
*mkondua* Feind, Gegner im Kriege
*mkono* Elle
*mkullu, makachu* Ahne, Alte
*mkuyu* Baum mit genießbaren Früchten
*mkwachu* Akazie mit Früchten, Tamarinde
*mlali* Ruß
*mlamu* Schwager
*mlamu ma-* mitten hinauf, mitten oben
*mlandu, mirandu* Befehl, Botschaft, Beratung
*mlembeka* Sesam
*mlemero* ewig, ohne Ende, Ewigkeit
*mlere, na* Schwäche haben, schwach sein
*mlima* Erde, Gegend, Land
*mlima gosere* Welt
*mlima mgunda* Landmann
*mlindira* Hirte
*mloa* Fischer
*mlollera* Aufseher, Wächter
*mlomo* Mund
*mlongo* Verwandter
*mluka* Flechter
*Mlungu* Gott
*mlungu* Mißgeburt (ohne Augen, ohne Hand)
*mmehe* Motte
*mmeru* Pflanze
*mnaga* verstreuen
*mnanga* Flasche
*mntemba* Begleiter, Ehrengeleit, Diener
*mnua ujimbi* Trinker
*moa* Suppe (Reis)
*moga* scheren, rasieren
*mohano* fünf, — *ngumo* sechs
*moko, wa-* Kopflaus

*monga* anderer
*moto* Feuer
*motoka* Risse bekommen (Mauer)
*moyo* Geist, Herz, Gemüt, Seele
*moyo molo* Sanftmut
*mpadja* Lügner
*mpagalla* Spornheuschrecke
*mpaka* Grenze, Landmarke, adv. bis (örtl. u. zeitl.)
*mpako* Proviant
*mpallu* Mann, alter Mann
*mpampani* Floh
*mpanda* Gabelpfosten
*mpandu* Landschnecke
*mpanga* Höhle, — *ya mpula* Nasenloch, — *ya ekutu* Ohrenmuschel
*mpangi* große Bohne, Strauchbohne
*mpangu* Wildschwein
*mpapha* Fell, Haut, Tragsack für Kinder
*mpati* Dummkopf, unreifer Mensch, unreifer Reis
*mpepo* Luft
*mpereka luhamba* Bote
*mperere* Klippschliefer
*mperu* Spitze
*mpika* Stange zum Lasten tragen
*mpimbi* Meerschweinchen
*mpinga* Zeichen, Abzeichen
*mpingi* Ebenholz
*mpioli* Baum mit genießbaren Früchten
*mpira* Kautschuk, Körner des Mais
*mpoesu* Schirokko
*mpolempole* langsam, leise
*mpoli* dann, später, darauf, hernach
*mponda* Schmied
*mpongo* Stier
*mponia* Erretter, Erlöser
*mponjo* hohler Bambus
*mpooka* Räuber
*mpoota* Schlaf, *na* — schläfrig sein
*mpua* Eierfrucht (jetzt Tomate)
*mpula* Nase, — *idundamala* Stülpnase
*mpunda* Esel, Zebra
*mpunga*, — *gwa misozoa* Reis (noch nicht enthülst)
*mpungullu* hellrote Bohnenart
*mputu* Wasserfall
*msagamu* Kissen, Polster
*msale* Pfeil
*msambo* Gesang, Tanz mit Gesang
*msangu* Magengeräusch
*msekeneko* Syphilis
*msenga* Diener, Zeuge
*msenga vissero* Korbflechter
*msepe* Fischschwanz
*msere* Reis
*msindo* Schuß, Pulverladung
*msiumba* Richter
*msongollo* Jüngling, Knabe
*msoza* Späher
*mtakula nagaka* ein wahrer, aufrichtiger Mensch
*mtakulira* Verräter
*mtatula* Dornakazie
*mteke* saftig (v. Holz)
*mtemayenja* Schlangenart (giftig)
*mtemba* Jüngling, wenn der Bart sprießt
*mtengu* Rand, Ende
*mtera* Baum
*mtereka* Koch
*mterekangota* Medizinmann
*mtessi* Unkeuschheit, *gwa* — unkeusch sein
*mtima* Bauch, — *sotu*, — *gusotoka* Schmerbauch, — *gumtama* Leibweh haben, — *jullujullu* mutlos sein

*mtongolla* einer der einen fremden Dialekt spricht
*mtote* Hyäne (groß, gefleckt)
*mtua* Greis, Jumbe
*mtugaluiro* Ameisenart (bläulich)
*mtugullu* Leiche
*mtui* Haupt, Kopf, — *gutama* Kopfweh haben
*mtumbi* Wildschwein
*mtumbuli* feuchter Gummi
*mtungulagoma* Dornbaum
*mtutu* Betäubungsmittel für Fische
*mu-* ihr (tonlos), Part. des Ortes = drinnen
*muaga* ausstreuen, auswerfen
*muagani!* Ihr seid nette Leute!
*muagika* zerfallen
*muambo* Seite, *gwa* — auf der Seite von
*muana* Kind, Sohn, Tochter, — *gwa mwali* Erstgeborener, — *gwa mtua* adelig, — *gwa mkuku* Küchlein
*muanja* Karawane, Reise, — *genda* reisen, — *kwingi* ein andermal
*muayu* Schirm, Gähner
*muazi* Blut
*muele* Schwert
*muenekumbi* Weisheitszahn
*muenga* ihr (betont)
*mueni* Besitzer, Herr im Hause, Person, Eigentum, besitzend
*muezi* Mond, Monat, — *guoneka* Neumond, — *gukullu* Vollmond
*muhako* Sack, Tasche (v. Fell)
*muhanga* Sand, sandige Erde
*muhazi* das ererbte Weib
*muhenja* Freund, Gast
*muhinga* Mädchen
*muhiro* Eifersucht, Haß, *kuona* — hassen
*muhudja*, *muhudji* Brühe
*muhumbati* Stock, Stab, Krücke, Keule
*muiku!* Das ist nicht Sitte! Ist verboten!
*muindikira* Anhänger, Jünger
*muingiro* Rock
*muipangu, wepangu* Verwandter im 2. Grad, Geschwisterkinder
*muiperu* der Letztgeborene
*muisukullu, wesukullu* Verwandter im 3. Grad, Enkel, Enkelin, Nachkommen
*muknonyo* Fischfalle (Korb)
*mulaga* Mörder
*mulimpemba* Büschel Gras
*mulyango* Tor, Eingang
*mumgamba* Gabel
*mumkungu* Saum
*mundhu* Mensch
*munindi* Mohogo, Maniok
*munkondua* Kämpfer, Krieger, Streiter
*muntemba* Untertan
*munu* Salz
*munumba* im Hause dienen
*mussi* Stößel
*muti* Baum
*muumba* Schöpfer, Former, Töpfer
*muungu* Ohrengeschwür
*muwinga* Jäger
*muyangu* mein Genosse, Gefährte, Nebenmensch
*mvuke* Dampf, Lunge, Atem
*mwali*, pl. *wali* Jungfrau (reif u. schon einem Manne zugesprochen)
*mwambo* Strohhütte
*mwanda* Schuldner, Gläubiger, Höriger
*myengera* Ausreißer
*mzuago* Zahnbürste (Holz)

# N.

*n, ni, na, nu* ich (tonlos), mir, mich
*na* und, auch, mit, haben mit pron. pers. (tonlos)
*nachere* rote, kleine Süßkartoffel
*nagaka* Wahrheit, das Wahre, adv. gewiß, wahrhaftig, wirklich, sehr
*nahota* erstes Weib
*nakadehere* Puppe zum Spielen
*nakadokolla, na* Aufstoßen haben, Schluchzer haben
*nakafusi* Fischotter
*nakatumba* Fischotter
*nama* weich sein, zahm sein
*namanyoma* frisch
*namavumunua* eßbarer Pilz
*namhoy* Rabe
*namkata* Spinne
*namkungullu* Rabe
*nampavi* Höhle in der Erde
*namtokossi* Schlangenart (nicht giftig)
*namtuta* schwarze Ameise
*nanaga, nanama* gut, schön sein
*nanaga* adv. billig, gut, schön
*nanchegu* Stockzahn
*nandalla* pl. tt. kleine Bohnenart
*nangkolongo* Adler
*nangnana* dünn, durchsichtig sein (Stoff)
*nankachida, wa-* Wade
*nankadullu, wa-* Wade
*nankapira* Kreisel (Peitsche zu schlagen)
*nankombi, wa-* Schulterblatt
*napondo* Zwergantilope
*nawa* Hände waschen
*nchalla* Hunger, — *imlevulla* er ist halb verhungert
*nchechemo* Ufer
*ncheranchera* weißen Star im Auge haben
*nchimba* Körper, — *ipiupa* der Körper hat Hitze = Fieber haben
*nchinda* weibliches Wildschwein, jedes weibliche Tier
*nchirisi* kleine Grille
*nchuguni* Moskito
*nchukiru* Ichneumon
*ndao, zi-* Erzählung, Geschichte
*ndekapoyoa* Schlangenart (giftig
*ndeperepe* Fischflosse
*ndevu* Fischbart
*ndezi* Wasserratte
*ndii, ndili?* wann?
*ndii-ndii* nahe beisammen, hintereinander
*ndogo, zi-* Bohnen
*ndogoro* Wasserbock
*ndomondo* Flußpferd
*nduguda, na* zucken
*ndupu* Los
*nega* Kreisel (v. Finger abzulassen)
*nega maji* Wasser schöpfen
*negaza* = *na egaza* und die Hälfte; z. B.: *yimo negaza* ein u. einhalb
*nekaneka* kitzeln
*nema* = *na lema* ich mag nicht
*nembo* Einschnitt in die Haut, Tätowierung, Stammesabzeichen
*nemerera* sich freuen, befriedigt, glücklich, heiter sein
*nemezia* befriedigen, erfreuen, glücklich machen, Gutes erweisen
*nene* ich (betont), mir, mich

*nenepa* dick sein, dick werden
*nenera* anklagen, beschuldigen, — *hera* umsonst anklagen, falsch beschuldigen
*nenga* ich (betont), mir, mich
*nezio* graues Haar
*ngeri* Kern (v. Früchten)
*ngnallagnata* funkeln, glänzen
*ngnanchi* absichtlich, bewußterweise
*ngnanga* Hund
*ngnanika* aneifern, ausforschen, angelegentlich ausfragen, bedrängen, bedrücken, betrunken machen
*ngnanukangnanuka* blinken, schimmern
*ngollo* Lamm
*ngnoma* Trommel
*ngnombe* Rind
*ngnonda* Blattern
*ngnongonalla* sich beugen, sich verbeugen, sich biegen, sich bücken, schief sein
*ngnongonazia* biegen, beugen (tr.)
*ngnulla* brüllen (v. Löwen)
*ngnundi* Haustaube
*ngollogollo* Kern (v. Früchten)
*ngombero* erstes Flügelgelenk
*ngomi* kleines Geschwür
*ngono* Lager
*ngou* Bündel Mais
*nguo* Kleid, — *ngona* altes Kleid
*nia* austreten (ad maj.)
*nika* Seil anspannen, auf-, hinauf-, herausziehen
*nikana* Hände schütteln (Gruß)
*ninita* flüstern, leise ins Ohr sprechen, geheim tun
*niyenu* ich euer Nachbar
*njira* Weg
*njiwa* wilde Taube
*njogollo* Hahn
*njoka* Schlange
*njuki* Biene
*nkaaka* Schuppentier
*nkalaga* Schöpflöffel (kleiner Kürbis)
*nkalagi* Muschel
*nkamangu* Lehmkloß
*nkano* Wildkatze
*nkassi* oberer Mahlstein
*nkatu* Krebs
*nkhou* Banane
*nkhwapa* Achselhöhle
*nkoko* Zecke
*nkonchi* Nagel am Finger und Zehen
*nkongholoma* kleine, rote Ameise
*nkopi* Augenwimpern
*nkoy* Narbe, Wundmal
*nkufu* Nabel
*nkuku* Huhn
*nkuluguzio* Pfahl um die Türe von innen zu verrammeln
*nkumbi* Wildschwein
*ukunguni* Wanze
*nkunga* der Aal
*nkutu* Rattenmist
*nkwale* Rebhuhn
*nkweta* Tanzschurz der Frauen am Hinterteil
*noatu*, *zi-* Zitze
*noga* süß sein
*nogozia* würzen, versüßen
*noka* schnarchen
*ntambu* Art, Sitte, Bedeutung, Brauch, Sinn, Gewohnheit, Gattung, Meinung, Zucht, Anstand, Wert, — *gani?* wie?
*ntandala* Schraubenantilope
*ntembe* Huhn das noch nicht Eier legt
*ntembo* Elefant, Elfenbein
*ntengo* Frühgeburt

*ntoki, wa-* Drüsen in den Leisten
*ntondo* Stern, pl. Sternenhimmel, Kristall
*ntongi* Breiklößchen, Bissen
*ntongo, zi-* Hoden
*ntumbi* Köcher
*ntundhu* Pori, hohes Gras
*ntungullu* Schlangenart (schwarz, giftig, armdick)
*ntutumbi* Wasserjungfer
*nua* trinken
*nuampulla* auseinander ziehen
*numba* Hütte, Haus
*nuna* viel Fett haben (totes Fleisch)
*nunguzia* brennen (tr.)
*nunka* stinken
*nunkira* wohlriechen
*nuwina, linuwina* mit d. Augen sprechen
*nyakati* Pfeilspitze
*nyalla* verwelken, schrumpfen
*nyama* Fleisch, — *iolla,* — *iolliti* Aas
*nyama mkali* Raubtier
*nyamalira* schweigen, traurig sein
*nyamalla* schweigen, Lärm lassen, still sein
*nyamazia* beruhigen (Kind), stillen, schweigen machen, trösten
*nyao* Hauskatze
*nyata* schleichen
*nyati* Büffel
*nyawa* ordnen, bereiten, einrichten, bereit machen, rüsten
*nyegera* ausreißen, entfliehen
*nyemuka* spröde sein
*nyenga* Verband anlegen, aufwickeln
*nyengera* winden, aufwickeln
*nyenu gnenda!* Ich gehe! (Abschiedsformel). Antwort: *Ina. nyagu gnenda!* Ich gehe! (wenn einer zugegen), *twagu tugenda!* Wir gehen! (wenn einer zugegen), *nyenu gnenda!* Ich gehe! (wenn mehrere zugegen), *twayenu tugenda!* wir gehen! (wenn mehrere zugegen)
*nyerenyeta* glänzen, funkeln, schimmern
*nyonga* Galle
*nyonga kuku* dem Huhn den Hals umdrehen
*nyongoka* winden (v. Fluß)
*nyongoko* Windung des Flusses
*nyopolanga* in Stücke reißen

# O.

*ochia* (Kartoffel) braten
*oga* (*koga*) baden, sich den ganzen Körper abwaschen
*ogobezia* beunruhigen, erschrecken
*ogofia* bedrohen, erschrecken, einschüchtern, in Schrecken setzen, erpressen
*okoza lugoi* Seil drehen
*olla* faulen, verfaulen, faul sein, verderben, schlecht sein (Eier)
*olo* adj. sanft, mild, ängstlich, still
*oma* auftrocknen, verdampfen (Regen)
*ona* sehen, fühlen, empfinden, Verlangen haben, — *chao* durstig sein, — *kupuhukua*

Schaden leiden, — *lioga* sich fürchten, — *lussungu* Erbarmen haben, sich erbarmen, — *manyanya* leiden, — *maya* zürnen, — *muhiro* Haß, Eifersucht, Feindschaft hegen, — *zoni* sich schämen, — *upuere* faul sein, — *usso* Ekel empfinden, — *wizira* Kitzel empfinden, kitzlig sein

*onana* sich begegnen, einmünden (Fluß), sich sammeln (Wasser im Brunnen)

*oneka ndiri* nicht sichtbar sein

*onera* bedrücken

*ongera* vermehren, hinzufügen

*osere* alle, beide

*ota* sich wärmen

*oya* bereuen

*oyera* ausruhen

*ozia* einen baden, ganz abwaschen (tr.)

## P.

*pa-* bei (örtlich) nahe bei, in der Nähe von

*pa-* beim Verbum = während, da, als, nachdem

*pa* geben, — *utua* Jumben einsetzen, — *baandi* Ohrfeige geben, beohrfeigen, — *hera* umsonst geben, schenken, Gabe, Geschenk geben, — *mpinga* ein Zeichen geben, — *visoero* Nachricht geben, benachrichtigen, melden

*pabehi* nach, zunächst.

*pachanantongi* Gurgel, Schlund

*pachifu* Herd (Platz zwischen Steinen)

*pachikumbo pa-* statt, anstatt

*pachikunkullu* Ecke des Hauses (innen u. außen)

*pachimihi* am Abend

*pachiru* nachts, in der Nacht

*pachitalla* Vorraum im Hause selbst

*padididi* (adv.) etwas, noch

*padja hera* lügen

*padoda* Schmutzflecken

*pagaliro* Dachsparren

*pagwegera pa-* nahe, nahe bei

*paira* verraten

*paka, mpaka* grenzen, abgrenzen

*paka* anstreichen, bestreichen, salben, einsalben, einschmieren

*pakana* angrenzen

*pakanira* abgrenzen, Grenze abstecken

*pakati pa-* in der Mitte von, in die Mitte von, zwischen

*pakaya* Ort, Platz, Stelle, — *pahere* schöner Platz, — *posere* überall

*pakira* anstreichen, bestreichen

*pakomu* teuer

*pakoyera* Ruheplatz

*pakugonja* Nachtlager

*pakumaanikira* Zeichen, Kennzeichen

*pakwandi* vorvorgestern

*pakwanjira* Anfang, am Anfang

*pala* Erdnüsse ernten

*palá* gerade da, nur da

*palapa* eben da, da hier

*palapacha* übermorgen

*palapano* hier, hier ist's

*palia* dort, in der Ferne dort

*palira* jäten, Unkraut ausziehen, Haare um die Stirne wegrasieren

*paliwalla* am Tage
*palla* scharren (Huhn)
*palongollo* vorne
*paluguzu* am vierten Tag
*paluhalla* Schläfe
*pamalao hera* früh morgens
*pamalumbu* Gelenk, Handgelenk, Arm-, Fußgelenk
*pamba* Feuer anlegen
*pambafu* Hüfte
*pamisimbosimbo* uneben, unebene Fläche
*pampegu* (adv.) vorbei, am Ziel vorbei
*pamphantira* Fußboden eben stampfen
*pampindi* oben, nach oben, aufwärts (nahe), plus
*panda* pflanzen, säen
*panda nkhou* Maiskolben in Bündel binden
*panga* fluchen, schwören, verschwören, verfluchen, einem Böses anwünschen
*pangama* sich schwer schlucken lassen
*pangulira mtera* abästen
*panjira* auf dem Wege
*pankomangano* Mündung des Flusses
*pano* hier sein, *napano* ich bin hier
*pantha* brechen (tr.), bersten machen, bersten lassen, Steine sprengen, — *mbao* Holz spalten
*panthika* bersten, zerbrechen
*papa* auf dem Rücken, Arm tragen
*papata* flattern
*papeduka* meiden
*pata* rupfen
*patukira* ins Wasser, in ein Loch fallen
*paubenekeru* Gelenk, Hand-, Arm-, Fußgelenk
*pauchia* übermorgen
*paulungi* Schneidezähne
*paza pa-* draußen (in der Nähe)
*pazi* Boden, — *pa-* (adv.) unten, hinunter
*pazikapa* da unten
*pazisoko* Ecke des Hauses (innen u. außen)
*pechulla* zerdrücken
*pega* abhäuten, Haut abziehen, Fleisch in Stücke schneiden
*pemba* mit der Nase schnüffeln
*pengi* anderswo, anderswohin
*pepa* schnupfen, rauchen, — *makoya* Hanf rauchen
*pepalu* Furt
*pepezia* Abbitte leisten, besänftigen, trösten, — *mahoka* Geister versöhnen
*pera* alle werden, aus sein, fertig sein, — *mahalla* blöde, stumpfsinnig sein
*perahera* sich verspäten um etwas zu bekommen
*pesa* Haare scheiteln
*peta* ernten, einernten (Mtama), Getreide worfeln
*piakata* lügen, nahe kommen, Ziel verfehlen, beinahe treffen
*pieza* Faden spannen, drehen
*pigima* sich schütteln vor Kälte
*pii* ganz und gar; z. B.: *titu nagaka pii* ganz und gar schwarz
*pilipizi* Baum mit genießbaren Früchten
*pima* sich kalt fühlen, frieren
*pindulla* umwenden, verändern
*pinga* springen, hinauf-, hinunter-, hinübersetzen, hinuntersteigen
*pingapinga* aufhüpfen

*pingania* Beine kreuzen, quer liegen
*pingika* kreuzweis sitzen
*piolera* sich drehen im Wirbelwind
*pirikana* hören, verstehen
*pirikanira* hören, aufpassen, horchen, verstehen, gehorchen
*pita* übertreffen, — *pa* vorbeigehen, — *kwingi* Ziel verfehlen
*pita* Abführen, Diarrhöe haben
*piupa* Feuer fangen
*pizia* Speise aufwärmen
*poekera* einsinken
*pogopogo* grüne Heuschrecke
*polla* sich abkühlen, heilen (v. d. Wunde), kühl, lau werden
*pona* genesen, gesunden, heilen
*ponda mwana* ein Kind gebären
*ponga* sich ergeben
*pongo* männliches Tier, Stier, Widder, Bock
*ponia* befreien, erlösen, gesund machen, heilen, sich erbarmen
*ponia* entschuldigen, *liponia* sich entschuldigen
*ponkotolla* verrenken (tr.), verrenkt werden
*ponukua* der Gefahr entgehen, entrinnen, gerettet werden, unversehrt, unverletzt sein, Kampf gewinnen, siegen
*pooka* mit Gewalt abnehmen, berauben, ausplündern
*pota* entschlüpfen, versäumen, — *lugoi* Seil drehen
*poteka* schaden
*pozia* abkühlen (tr.)
*pua* zurückgehen, eingehen (Dicke des Leibes)
*puata* sieden, siedend sein
*pueka* Abführen, Diarrhöe haben
*puere* faul
*puiringanika* auseinander stieben
*pujika* Türe zulehnen
*pukira* fächeln, durch Fächeln abwehren, flattern (Vogel)
*pukuta* abwischen, auftrocknen
*pukutuka* ausfallen (Zähne)
*pulira* anblasen, anhauchen,
*pulla* Federn ausreißen
*pulumulla* Blätter vom Mtamastengel abstreifen
*pumba* der Mutter seiner Frau ausweichen (Stammessitte)
*pumulla* atmen, ausatmen, schnauben
*punguka* sich vermindern
*pungulla* abziehen, vermindern, kleiner machen
*puntha* abwischen, abbürsten, ausschütten, ausschütteln, in die Ähren schießen (Mtama)
*pupa* ausplündern, Beute machen, erbeuten
*pupa eyega* stürmen, stürmisch sein (Wind)
*pussu* (adj.) klein
*puta* flattern, waschen (Kleid) — *mawingu* Wellen schlagen
*putira* Blasebalg treiben

# R.

*ralla* brechen (Stimme), mutieren
*remera* sich verhängen
*roa* feucht, naß sein (Kleid)

# S.

*sagama* auf der Wange liegen
*saka* Negerkorn, Mtama
*sakalla* abgetragen, alt sein (Kleid)
*sakazia* abtragen, abnützen (Kleid)
*sakulla* suchen, nachspüren
*salafu, wa-* rote Ameise
*salika* sich spalten
*salla* spalten
*samba* anerkennen
*samba* (adv.) fast, beinahe, bald, in Kürze
*sambia* Baum mit genießbaren Früchten
*samirira* laden (Gewehr)
*sanga* keimen
*sanga* Zähne zuspitzen
*sangambuyu, wa-* Augenzahn
*sangika* aufhängen
*sangu, wa-* Wurm im Leibe
*sanja* werben um eine Braut, freien mit Geschenken
*sanji* Spitzmaus, Rüsselratte
*santha* seufzen, stöhnen
*sapukana* auseinander gehen, zerfallen, kreuzen, sich kreuzen (Wege)
*sapulla* vermindern
*sasantha* Fleisch klopfen
*sasulla* emporheben (Hände), Last aufnehmen
*sato* Riesenschlange
*saza* gähnen
*sefuka* übertreten, aus den Ufern treten, ganz voll sein
*segerera* herankommen, näher treten, sich nahen
*segezia* näher bringen, näher rücken, näher stellen
*seka* lachen, verlachen
*sekerera* lachen, fröhlich sein
*sembe* Grab
*semuka* brodeln, kochen, anfangen zu sieden
*senua meno kekerege* Zähne fletschen, grinsen mit den Zähnen
*serra* abnehmen, schwinden, geringer werden (Flüssigkeit)
*serrera* abwärts gehen, hinabsteigen (Berg)
*serrezia* herablassen
*sessa* schälen
*sessi, zi-* Funke
*sessia* küssen
*siaga* mahlen
*siagira* fein mahlen
*siagulla* aussuchen, auswählen, wählen, sondern, aussondern
*siai, cha-* neu, von jetzt
*siambi, cha-* neu, von jetzt
*siana* vertauschen
*sigalla* übrig sein
*sigazia* übrig lassen
*sigirira* hemmen, hindern, Schwierigkeiten machen
*sikulla* abkürzen, kürzer machen
*simu* Tür, Schlupfloch gegenüber dem Eingang
*sindika* begleiten, Geleite geben
*sindira* ausschütteln
*sindirira* fest ausschütteln
*sinduka* erschreckt auffahren
*sindulla* wiederkauen
*sinduzia* aufschrecken (tr.)
*sinfuzia* überraschen
*singo* Hals
*sinja* schlachten
*sinkanu* Nadel
*sioga* mit den Füßen zerreiben, zertreten

*siokera* irre gehen, sich verirren, Weg verfehlen
*siokezi* Gerstenkorn am Auge
*siombola* Baßstimme haben
*siota* heruntergleiten
*sirra* beendigen, fertig machen
*siuka* abgestanden, verdorben sein, sauer werden, *siukanga* ganz abgestanden
*siumba* sprechen, sagen, richten, — *miranda* sich besprechen, sich beraten, beratschlagen
*siumbana* zusammen sprechen, reden, sich unterhalten
*siumbasiumba* Wortwechsel haben, streiten
*siusutuka* kopfüber
*siuta* scheren
*siuzi* Wildkatze
*sizira* schwere Augen haben, Schlaf fühlen, einschlafen
*sokera* überfallen
*sokole* gemahlener Reis
*solla* aufheben, auflesen, ausklauben
*soma* stechen (Insekt)
*somanga* mit dem Speer ganz durchstechen
*somba, wa-* Fisch
*sona* nähen, ausbessern (Kleid)
*songizirira* Unfrieden, Streit stiften
*songo* Schlange mit Hahnenkamm
*songolla* behauen, aushöhlen, spitzen, zuspitzen
*sonozia* überreden, in Erinnerung bringen
*sontha* aufpicken
*sontholla* wenig mit der Hand nehmen
*sonya* zum besten halten, necken
*sotopa* (adj.) schwer, hart (Arbeit)
*sotu* (*mtima*) Schmerbauch
*sozia* zum besten halten, necken, schinden, quälen
*su!* fertig! genug! so! dann! macht nichts! ist einerlei! (kis. = *bassi!*)
*sua, wa-* Termite
*sugira* bereden, bewegen, bestimmen, — *maji* im Wasser plätschern, schwimmen
*sugusugu* Baum mit genießbaren Früchten
*sui hangu!* gut denn! also!
*suka* seien
*sukimia* Blätter am Maiskolben abreißen
*sultani* Sultan
*suluka* absteigen, heruntersteigen (nicht vom Berg)
*suluzia* herunterlassen (Fahne)
*suma* durchregnen, Leck haben, leck sein, rinnen
*sumkua* glücklich davonkommen, durchkommen
*sungu, wa-* kleine rote Ameise
*sungulira* gucken, ausgucken, lugen, neugierig umherschauen
*sungulla* Hase
*suntamalla* Knie beugen, niederknien, knien
*swazia* antasten, anfühlen, leicht anfassen

## T.

*tafuna* kauen
*taga* Knollen ansetzen, — *holo* Mund voll nehmen, — *lundizi* pfeifen, — *maya* einen ärgern, erzürnen, — *mpueru* aufatmen, — *muayu* gähnen

— *ngoi* Hände auf den Rücken binden, — *uso* häßlich sein
*tagambulla* auseinander spritzen, auseinander fallen
*tagira* Eier legen
*tako* (adv.) voraus, vorn an
*takula* Zank, Streit, Gezänke
*takula* sagen, sprechen, — *uhere* deutlich sagen, — *limpula* durch die Nase sprechen, — *na* — redselig sein, — *nagaka* wahr reden
*takulira* verteidigen (vor Gericht)
*tama* sc. *mjenche* blenden
*tambazia* ausstecken
*tambika* dem Teufel opfern, Opfer bringen (privat)
*tandika* ausbreiten (Matte)
*tandulla* begraben (Menschen)
*tanga* helfen, beistehen
*tangira* helfen, beistehen
*tangana* einander helfen
*tari* lang, weit, fern, hoch
*tari gwendendende* riesenhaft hoch (Mensch, Baum)
*tatatika* taumeln, wanken
*tati* Vater, Stiefvater, Vetter
*tatira* einschließen
*tatu* drei
*taula* abkaufen, eintauschen
*tauwa* binden
*tawanyika* sich gabeln (Baum)
*tega* Falle aufstellen, mit der Falle fangen
*teka* hinken
*telambuka* abgleiten, ausrutschen
*tema* abschneiden, abhauen, schnitzen, einschneiden, abbrechen, fällen, — *mate* ausspeien, — *nembo* tätowieren, — *wanda* leihen
*temera* schröpfen, — *mate* anspeien
*temera* (adv.) selbst, sogar, nicht einmal, selbst nicht
*tenda* tun, machen, verletzen, einem etwas antun, — *likoa* opfern mit Opferschmaus (öffentl.), — *mgota* Arznei bereiten, — *mjenche* blenden, — *umatu* Lärm schlagen, — — *vichuku*, — *mahengo* arbeiten, — *vidoda* unkeusch sein (allgem.)
*tendeka* geschehen sein, tun, ausführen lassen
*tendera manemu, viherepa* einem Gutes erweisen
*tenengka* bluten machen
*tenguka* sich neigen
*tengukila* verschütten
*terebukira* fein, zart sein (Haut)
*terebulira* ausbessern (Haus), glätten
*tereka* kochen, — *uhere* gut kochen
*teretera na-* (adv.) gleichwie
*terewalla* flach sein
*tetema* beben, schaudern, zittern
*tetemezia* ängstigen (tr.), moralisch zwingen
*tetera* gackern
*tialambuka* abgleiten, ausrutschen
*tialla* auf dem Wege verlieren
*tiamula* niesen
*tianga* spazieren gehen
*tiegnena* sich auf dem Wasser schaukeln, mit den Füßen zappeln
*tiengnenia* aufbinden
*tiera* auftauchen, umherflattern
*tieratiera* mit dem Schweif wedeln
*tierema* (*ludapaka*) verputzen
*tieremeka* zusammenkleben (tr.)

*tika* Feuer reiben
*tika gnere* eine Sache, eine Arbeit schwierig finden
*tikita* wackeln
*tima* Dach decken
*tima* stoßen (Tier), nach vorne
*timba* stampfen (beim Tanz), auf etwas treten, — *ligullu mlamu mu* den Fuß auf etwas setzen
*timbanga* zerstampfen
*timbuka* trüb sein (Wasser)
*timbulla* aufwühlen, trüb machen (Wasser)
*timinia* zerreiben
*timulira* mischen (Salz in Speise)
*tinna, tinnanga* anstoßen (tr.)
*tinna mvuke* dampfen (intr.)
*tipa* Faden spinnen
*tipatipa* schwanken
*tipulira* aufrühren (Flüssigkeit)
*tira* davonlaufen
*tirira* ganz, weit davonlaufen, zum Feind überlaufen, Zuflucht nehmen
*tissiatissia* hinrichten auf ein Ziel, zielen
*tita* finster werden, sich verfinstern
*titizia* verdunkeln
*titu* (adj.) schwarz, blau, dunkle Farbe, finster
*toa* regnen, — *mvulla ya mpira* hageln
*toka* müde sein, müde werden, ermüden, alt sein, alt werden, — *hera* sich umsonst abmühen, erfolglos arbeiten, — *hera ndiri* nicht umsonst sich abmühen, mit Erfolg arbeiten
*tola* nehmen
*tolani* sc. *ntondo tolani* Morgenstern
*tona* kratzen (Leopard), kneifen, zwicken
*tosoka* blind werden
*totolla* auftrennen
*tozia* fehlen, Fehler begehen
*tozia* (adv.) wegen, weil, denn
*tu, twa* wir (unbetont)
*tua* ablösen, losmachen (Rinde v. Baum)
*tuga* fließen (Fluß)
*tugizia* sich beeilen, beschleunigen, antreiben (tr.), ungestüm verlangen
*tugodi* kleines Brennholz
*tugulira* versenken
*tuitula* (*moyo*) Herzklopfen haben
*tula* legen, ablegen (Kleid), hinlegen, — *pazi* niederlegen (Last), — *pamuhera* sammeln, — *chisissy* Schatten werfen, — *uhere* sparen
*tula* aufbewahren, aufopfern, opfern, Opfer hinstellen
*tulilira* aufschieben, kämmen
*tuma* anstellen zur Arbeit, Auftrag geben, — *mirandu* befehlen, — *visoero* Nachricht schicken
*tuma* Bart schießen (Mais)
*tumbako* Tabak
*tumballa* sich aufregen, zürnen, zornig sein, zornig werden
*tumbika* aufhängen (tr.)
*tumbira ngongo* einem den Rücken zukehren
*tumbulla* urbar machen, aufbrechen (intr., Geschwür), — *somba* Fische ausnehmen
*tumikira* dienen, bedienen
*tumula* Augen aufsperren, erwachen
*tunda* austreten (ad min.)
*tundlu* (adj.) grün

*tundhu ikalagalla* Stroh
*tunga* Perlen aneinander reihen, Nadel einfädeln
*tupa* Feile, Nashorn
*tupulla* ausreißen, — *lino* Zahn ausziehen, — *luani* Unkraut jäten
*tutumuka* brausen, aufbrausen
*tuwika* aufladen
*twaenu* wir eure Nachbarn
*twanga* stampfen (Mörser)
*twangira tapaka* Lehmboden stampfen
*twema* durchregnen
*twenga* wir (betont)
*tweza* durchstechen (Ohren)

# U.

*ubaga* Mehl
*ubaharia* Lohn
*uballa* Heuchelei, Hinterlist, Verschlagenheit, *na* — hinterlistig sein
*ubundhu* Baumwolle
*uchiwa* Waise, Armut
*udodi* Armband (v. Saite)
*uduguda* nervöses Zittern der Augenlider
*ufizu* Zahnfleisch
*ufukumu* Schimmel
*ufumbu* Pilz (eßbar), Rehzunge
*uganga* Zauberei
*uge* Schärfe
*ugendagenda* Pilz (eßbar)
*ugozi* Genick
*uhere* Schönheit, (adv.) gut, schön
*ujimbi* Pombe, Bier
*uka* abreisen, ausgehen, fortgehen
*ukaka* Ton (Erde)
*ukakati* Pilz (eßbar)
*ukamba* Breite
*ukanga* Rost
*ukaya* Dorf, Heimat, daheim, — *kwangu* bei mir daheim
*ukomu* Bosheit, Schlechtigkeit, Leben, Gesundheit, Heil
*ukopi* Angebot, Handel, Kauf
*ukullu* Größe, — *wakue wa hachi?* wie groß ist er?
*ukweka* Alleinsein, Einsamkeit
*ula* reif werden, rot glühen (Eisen)
*ulankalanka* Neugier, *na* — neugierig sein
*ulera* Kalk
*ulere* Schwäche
*ulessi* Eleusine
*ulevulevu* Haare am Maiskolben
*uliagani* Abenddämmerung
*na ulii̅* blind sein
*uliri* Matte (Palmblatt)
*ullá* allein, nur, — *nene* nur ich
*ullawinno* sogleich, eben jetzt, sofort, ohne Verzug
*ulomo* Vorhaut
*umanda* Sklaverei
*umatu* Lärm, *umatu!* Stille!
*umba* formen, bilden, schaffen
*umpunga* Federbusch (Kopf)
*unga gwa huti* Pulver
*ungallangalla* Blüte
*unkombi* Vogelleim
*uno* Graphit
*upati* Dummheit, unreifes Wesen
*upere* Krätze
*upindi* Bogen
*uponia* Erlösung
*upuere* Faulheit
*upunguti* Hochwald
*usambati* Busch, Gestrüpp
*ussanga* Perlkette

*ussia* abschaffen, absetzen (Amt), entfernen, fortschaffen
*ussigi* Augenbrauen
*ussinga* Mähne
*usso* Unkeuschheit
*ussogo* dein Vater
*ussogue* sein Vater
*ussungu* Gift
*utami* Krankheit
*utamkua* Geiz
*utari* Höhe, Länge, Größe
*utessi* Unkeuschheit
*utua* Regierung, Jumbenschaft, Reich, Herrschaft
*utuka* zerplatzen
*utumbo,ma-* Gedärm, Eingeweide
*uvukomu* Oxyd (am Metall), Schwamm (am Leder)
*uwanda* Schuld
*uya* zurückkommen, zurückkehren, heimkommen
*uyakai* aber, indes, allein
*uyayo* Ausdruck der Faulheit
*uyoyo* Glöckchen am Fuß
*uzia* zurückgeben, vergelten, zurückstellen, zurückzahlen, rächen, sich rächen
*uzirira* einem etwas vergelten, — *masso* Augen zudrücken
*uzito* Gewicht, Schwere
*uzozo* Pilz (eßbar)

## V.

*viboga* alle Hülsenfrüchte
*videta* Lüge, *na* — lügnerisch, falsch sein
*videta* lügen
*vidiengudiengu* Zickzack
*vikullu* Armschnur, Halsband mit Hölzchen
*vikwatalla* Sandalen
*vilawi* wie, gleichwie, so wie so
*vimba* schwellen, anschwellen, aufschwellen
*vinna sambo* Tanz, Gesang aufführen, — *egungu* Trauertanz aufführen
*viombo* Süßkartoffel
*vioyo* Fußschellchen
*viria* wie, gleichwie, so wie so
*na vironda kunkullu* Halsweh haben
*visenkesenke* Fußschellchen aus Früchten
*visoero* Wort, Beratung, Gebot, Nachricht, *na* — anständig, anstellig sein
*viwasso* Aussatz
*vuachika* Topf auf die Feuersteine setzen
*vuala* sich bekleiden (allgem.), Lendentuch anziehen, Schuhe anziehen, Kopf bedecken, — *mpati* Lendentuch aufschürzen, Kleid zwischen d. Beinen aufschürzen
*vualizia* einen ankleiden, bekleiden (tr.)
*vuivi* Haar
*vula* ausziehen (Kleid)
*vulo* Eimer
*vulufutira* schnell reden, erregt sprechen
*vuma* Amulett
*vuma* brausen, rauschen (Fluß), schäumen, vorüberschwärmen (Bienen)
*vunda* verderben, verfaulen
*vunga* einwickeln
*vyamunda* Eingeweide

## W.

*wahacha* Geschwister (1. Grad)
*wakullu wagona* die Vorfahren, Ahnen
*wala* Überwurf anziehen
*wala* leuchten, scheinen
*walla* unbewohnte Gegend
*wallanga* zählen, rechnen, addieren
*wamba* aufstellen (Zelt)
*wamlungu* böse Geister, Teufel
*wandu wosere* jedermann
*waniuliti* Eltern (meine)
*wato, mato* Einbaum, Boot, Schiff, Trog
*watoka* die Alten, die Greise
*wayangu* meine Gefährten, Genossen
*wero* Reinheit
*windika* beabsichtigen
*winga* treiben, forttreiben, vertreiben, abwehren, Vieh austreiben, jagen, pürschen, in die Flucht schlagen, verjagen
*winno* (adv.) jetzt, gegenwärtig
*winno-winno* (adv.) sogleich, sofort, schnell
*wirikira* laut schreien

## Y.

*yalla* säen, aussäen, — *liombo* Süßkartoffelpflanzen
*yaula* gehen, zur Reise aufbrechen
*yerula* abschöpfen, Rahm abnehmen
*yinda* Zustand der Schwangerschaft, *na* — schwanger sein, — *iuka* Frühgeburt haben
*yoayoa* lärmen, schreien
*yopa* binden, einwickeln
*yopera* anbinden
*yopolla* Knoten aufmachen, öffnen, aufknüpfen, auspacken
*yopollera* Freiheit geben, Gefangene loslassen, losbinden
*yowera* Gespräche führen, sich unterhalten
*yu* Pron. pers. 3. Pers. (tonlos)
*yuga* verloben
*yumo* (sc. *mundu*) einer, irgend einer

## Z.

*za-, zamba* nähere Futurform
*zaza* spielen
*zianga* hintergehen
*ziangazianga* ermuntern, in Güte ermahnen, Trauernde beruhigen, trösten
*ziatanga* strafen, bestrafen
*zieta* einschließen, umzingeln, umhergehen
*zietazieta* herumirren, umherstreifen
*zieziaziezia* umdrehen
*ziezieta* umzäunen
*zima* auslöschen (tr.)

*zimanga* ablöschen, auslöschen
*zimbula* stark ausspülen, weg-, fortspülen (Fluß)
*zimbulanga* stark ausspülen, weg-, fortspülen (Fluß)
*zimbulla* graben
*zimika* ausgehen (Feuer) auslöschen, erlöschen (intr.)
*zimizia* ablöschen, auslöschen
*zindika* tadeln, zurechtweisen, einem etwas verweisen
*zindikira* untersuchen
*zisima* kalt werden (Speise)
*ziosa* am Boden sitzend vorwärts rutschen
*zira* hassen
*ziuka* auferstehen
*zoerera* gewöhnen
*zoni* Scham, *ona* — sich schämen
*zuga* loben, preisen
*zululla* triefen
*zumulla* entfalten (Stoff)
*zuzia* im Kreise schwingen

FSC
www.fsc.org
MIX
Papier | Fördert
gute Waldnutzung
FSC® C083411

Kolibri 360 GmbH
Ferdinand-Jühlke-Straße 7
99095 Erfurt, Deutschland
produktsicherheit@kolibri360.de